15-16 Version

合著 | **闵仁植 · 崔弼善** 翻译 | **李亮**

基础统计与回归分析

STATA

Statistics and Regression Analysis

前 言

在统计学中灵活运用理论是非常重要的，这一点大家都会有同感，但是要兼备这点其实并不容易。统计学教材也是如此，相关书籍包含了统计学理论，还介绍了统计软件程序的运用方法，但很多情况下只是停留在形式上。通常会详细说明统计学知识，但对于统计程序，只会给出命令语或结果。在这种情况下，统计软件及程序也是无济于事。但与此相反，有时对命令语或使用程序的描述非常详细，但对统计学背景知识的描述却完全没有，这也是另一个困难。本书把重点放在了弥补这种间隔上，这有助于将基础统计学理论和软件程序的应用有效地联系起来。

这本书可以说是介绍“如何利用STATA”进行统计分析的入门书。对于理论，以介绍核心概念为主，注重运用实际数据进行分析并解释其结果。因为，我们认为这反而更有助于理解统计理论的内容。

本书中提出的示例数据主要是经济、经营等相关数据，但分析主题和统计学方法论可以充分应用在社会科学、自然科学、医学等多个领域。特别是这次修订版以STATA版15/16为基础进行了说明，并把新变化的内容反映到书中。在最后的小结中，每一章中使用过的Stata命令语以整合的do file形式提供。这本书所使用的所有示例数据文件(⊡表示)均可以在韩国STATA学会网站(http://kastata.org/html/sub02-04.asp)中下载，读者可以直接下载并应用。

本书即将出版，向从物质和精神两方面给予赞助的JIPHIL代表朱志弼表示感谢。另外，还要感谢在编辑本书和改正错别字等方面竭尽全力的编辑人员。最后，对选择仍然还存在不足的本书读者们表示感谢。

2021年 10月

作者：闵仁植,崔弼善

译者：李亮

译后感

本书是统计分析与STATA应用的基础教材，注重理论与数据分析实践相结合，包含了相关的基础统计与数理回归的计量模型的理论方法，还介绍了相关STATA分析软件的应用，这都是有助于培养学生的数理分析及应用能力。

需要指出在我回国工作初期，得到了江苏省青年社会科学基金、省教育厅、南京信息工程大学人才启动基金、南京信息工程大学研究生院教改课题、南京信息工程大学环境与健康研究院、南京信息工程大学商学院教改等项目支持，同时也要感谢许多国内外教授的指点和帮助，更要感谢妻子和家人以及南信大各位同事们的鼓励和支持，又非常荣幸和幸运地的得到了闵仁植教授、 崔弼善教授的翻译建议，在此表示衷心的感谢。

希望本书的出版能够推进统计学、管理学、计量经济学等跨学科交叉发展，进一步推动计量经济与管理科学的科学化和国际化。

2021年 10月

李亮

目录

CHAPTER 01 | 简述统计量

CHAPTER 02 | 假设检验基础

CHAPTER 03 | 方差分析

CHAPTER 04 | 相关分析

CHAPTER 05 | 信度分析

CHAPTER 06 | 卡方检验

CHAPTER 07 | 非参数检验

CHAPTER 08 | 基础线性回归检验

CHAPTER 09 | 虚拟变量

CHAPTER 14 | 与线性回归模型相关的检验

CHAPTER 15 | 其他相关主题

CHAPTER 01 简述统计量

1.1 平均

平均值(mean)是统计数据的主要统计量。虽然平均值可以在各种执行命令语中得到，但最常见的命令语是summarize(缩写为su)。运用Stata系统内部的auto数据集。

先导入dta(命令:sysuse auto)，然后使用command su计算price变量的平均数。此命令语及执行结果如下:

```
. sysuse auto, clear
(1978 Automobile Data)
. su price

    Variable |       Obs        Mean    Std. Dev.       Min        Max
-------------+--------------------------------------------------------
       price |        74    6165.257    2949.496       3291      15906
```

根据图表分析的结果，price变量有74个观测值，平均为6165.2。求均值的公式为:

$$\overline{X}=\frac{1}{n}\sum_{i=1}^{n}X_i$$

上式是n观测值的数量。如果有缺失值(missing value)，Stata将其排除在外对观测值n进行计算。

这样计算出的平均值，虽然是我们在日常生活中经常接触到的平均值，但从另一方面看，也可以认为是"样本平均(sample mean)"，也就是说从无数个汽车群中随机抽取74个观测值，计算出平均值。如果这样看，那么样本的平均值就会随观测值的不同而出现差异，这就是标本平均的随机变量(random variable)。因此，我们可以估计它的标准差，并使用它来求置信区间。

```
. mean price

Mean estimation                   Number of obs    =      74

--------------------------------------------------------------
             |       Mean   Std. Err.     [95% Conf. Interval]
-------------+------------------------------------------------
       price |   6165.257   342.8719      5481.914      6848.6
--------------------------------------------------------------
```

根据上文求解平均的命令语是mean，在下面的例子中，在mean下面输入变量名，可以得到该变量的平均值、标准差和平均值的95%置信区间。

从上面的结果来看，price变量的抽样平均为6165.2，抽样平均的标准差被推定为342.8。另外，总体平均值的95%置信区间为5481.9~6848.6。以95%的置信区间，可以说是在总体平均值的区间内。

上述结果中，标准差的计算公式如下：

$$\text{标准差} = \frac{S}{\sqrt{n}},\ S=\sqrt{\frac{1}{n-1}\sum_{i=1}^{n}\left(X_i-\overline{X}\right)^2}$$

此为样本标准差(参见第1.3节)。总体平均值的95%置信区间使用下列公式计算:

$$\overline{X}-t_{0.025,\,n-1}\frac{S}{\sqrt{n}}<\mu<\overline{X}+t_{0.025,\,n-1}\frac{S}{\sqrt{n}}$$

这里的 $t_{0.025,\,n-1}$的自由度是 $n-1$，右尾概率是 2.5%的t分布临界值(critical value).

在计算平均数时，也可按类别进行计算。在上面例子中，所使用的数据集auto.dta包含区分国产车和进口车的foreign变数。当有这样一个类别变量时，可以使用over作为一个选项来计算每个类别中其他变量的平均数，例如price。下面是根据foreign变数的两个类别(domestic，foreign)计算的平均价的各自结果。

```
. mean price, over(foreign)

Mean estimation                   Number of obs     =        74
     Domestic: foreign = Domestic
      Foreign: foreign = Foreign

--------------------------------------------------------------
         Over |       Mean   Std. Err.     [95% Conf. Interval]
--------------+-----------------------------------------------
price         |
     Domestic |   6072.423   429.4911      5216.449    6928.398
      Foreign |   6384.682   558.9942      5270.608    7498.756
--------------------------------------------------------------
```

Tip 1.1 ● 如何保存计算出的平均值

Stata的求解到的结果需要保存。例如，将平均值存储在其他计算中。它使用scalar或local macro。关于scalar和local macros，参见9.2节*. 下面有一个例子，如果您在Stata中执行一个类似su的命令，其结果将被保存为系统变量(如果您想要看到这个结果，请执行return list)

```
. su price
    Variable |        Obs        Mean    Std. Dev.       Min        Max
-------------+---------------------------------------------------------
       price |         74    6165.257    2949.496       3291      15906
```

下面的语句是给上面的平均值命名，然后检查是否正确指定了它们。

```
. scalar mean1=r(mean)
. local mean2=r(mean)
. di mean1
6165.2568
. di `mean2'
6165.2568
```

上面mean1是一个平均值的名称 mean2是一个local macros的名称 local macros在使用指定值时，必须将macros名称写在` `符号中。在上面的例子中，我们研究了在使用su命令之后指定平均值为一个指定的名字，需要注意的是，mean命令和su命令不同，不会生成return list。在这种情况下，必须检查已保存的值，即ereturn list，而不是检查return list。

* 参见闵仁植 · 崔弼善(2019a)的9.2节。

目前为止，我们看到的平均是算数平均(arithmetic mean)。除了算数平均以外，还有几何平均(geometric mean)，调和平均(harmonic mean)等。几何平均符合倍数平均，调和平均符合速度平均。使用ameans命令可以同时计算这三个平均值。下面是一个例子。

```
. ameans price

    Variable |    Type          Obs        Mean       [95% Conf. Interval]
-------------+----------------------------------------------------------
       price | Arithmetic        74    6165.257        5481.914     6848.6
             |  Geometric        74    5656.907        5165.664   6194.865
             |   Harmonic        74    5296.672        4928.901    5723.75
------------------------------------------------------------------------
```

几何平均和调和平均，按下列公式计算:

$$几何平均 = \sqrt[n]{X_1 X_2 \cdots X_n}$$

$$调和平均 = \frac{1}{\frac{1}{n}\sum_{i=1}^{n}(1/X_i)}, \qquad X_i > 0$$

几何平均是将所有观测值相乘后取n平方根，调和平均是将各观测值的倒数算术平均后再取倒数。两者都是阳性的情况下使用。

1.2 中位数

当数据有极端值时，平均值的缺点是不能很好地显示数据的中心倾向，这是使用中位数(median)作为另一种中心趋势的测量方法。中位数是将数据按顺序排列时位于中间的值，要获的Stata的中位数值，可以在su命令中使用detail(简称de)作为选项，命令语和执行结果如下：

```
. su price, de
                          Price
-------------------------------------------------------------
      Percentiles      Smallest
 1%        3291          3291
 5%        3748          3299
10%        3895          3667       Obs                  74
25%        4195          3748       Sum of Wgt.          74

50%      5006.5                     Mean           6165.257
                        Largest     Std. Dev.      2949.496
75%        6342         13466
90%       11385         13594       Variance        8699526
95%       13466         14500       Skewness       1.653434
99%       15906         15906       Kurtosis       4.819188
```

结果显示有9个百分数，其旁边是4个最小的值(Smallest)和4个最大的值(Largest)。9个百分位中间的50个，即5006.5，是中间值。如果观测值是奇数的话，中间的数字是中央值;如果是偶数的话，因为中间没有唯一的观测值，所以是利用中间两个观测值的平均值来求得的。对给定的数据进行排序时，中位数求解如下：

$$\text{观测值 个数}(n) \text{ 当是奇数时: } \frac{n+1}{2}$$

$$\text{观测值 个数}(n) \text{ 当是偶数时: } \frac{n}{2} \text{ 和 } \frac{n+2}{2} \text{ 的平均}$$

在上面的例子中，因为74个观测值是偶数，所以第37个值和第38个值的平均值是中位数值。我们可以这样来确认:

```
. sort price
. di (price[37]+price[38])/2
5006.5
```

1.3 方差

方差(variance)和标准偏差(standard deviation)是描述数据分布程度的典型数据。为了在Stata中计算方差，使用了前一节所介绍的su命令和de选项。前一节执行的结果，price变数的方差为8699526，标准差为2949.4。需要注意的是，这里的方差和标准差分别是样本方差(sample variance)和样本标准方差(sample standard deviation)。其公式如下:

$$\text{样本方差:}\ S^2=\frac{1}{n-1}\sum_{i=1}^{n}\left(X_i-\overline{X}\right)^2$$

$$\text{样本标准方差:}\ S=\sqrt{S^2}=\sqrt{\frac{1}{n-1}\sum_{i=1}^{n}\left(X_i-\overline{X}\right)^2}$$

因为从样本方差公式看，这不是总方差，而是样本方差，所以要注意偏差的平方和除以 $n-1$。

1.4 偏斜和峭度

另一种显示数据分布特性的统计是偏斜(skewness)和峭度(kurtosis)。首先，偏斜是一种数据分布不对称的测量值。如果偏斜值大于0，则右尾偏长(skewed right)分布，若小于0，则左尾偏长(skewed left)分布倾向。偏斜越接近0，左右对称就越接近，离0越远，不对称就越大。为了得到偏斜(和峭度)，使用了前面1.2节中介绍的su命令和de选项。从1.2节执行的结果来看，price变数的偏度或偏斜为1.653，大于0。因此，可以推测右尾的分布很长。这里的偏斜不是总体的偏度，是样本的偏斜。总体偏斜和样本偏斜的公式为:

$$\text{总体 偏斜(population skewness)}=\frac{E(X-\mu)^3}{(\sigma^2)^{3/2}}$$

$$\text{样本 偏斜(sample skewness)}=\frac{\frac{1}{n}\sum_{i=1}^{n}(X_i-\overline{X})^3}{\left(\frac{1}{n}\sum_{i=1}^{n}(X_i-\overline{X})^2\right)^{3/2}}$$

峭度是表示分布的峰顶有多尖，换句话说，分布尾巴有多厚的一种测量。如果是正态分布，则峭度值为3。因此，如果峭度比3大，说明分布的尾巴比正态分布厚，如果比3小，就说明尾巴比正态分布薄。从前1.2节的执行结果可以看出，price变数的峭度为4.819，尾部比正态分布厚。和偏斜一样，峭度也不是总体的峭度，而是标本

峭度。总体峭度和样本峭度的公式为:

$$\text{总体 峭度(population kurtosis)} = \frac{E(X-\mu)^4}{\sigma^4}$$

$$\text{样本 峭度(sample kurtosis)} = \frac{\frac{1}{n}\sum_{i=1}^{n}(X_i-\overline{X})^4}{\left(\frac{1}{n}\sum_{i=1}^{n}(X_i-\overline{X})^2\right)^2}$$

Tip 1.2 ● 使用非参数绘制分布

显示特定变量分布的图表通常是直方图。但是直方图可以改变分布的形状，这取决于数据的类别或类别区间的划分。使用非参数(nonparametric)分布估计方法可以更灵活地确定数据的分布。命令语是kdensity。命令语和执行结果如下:

```
. kdensity price, gauss
```

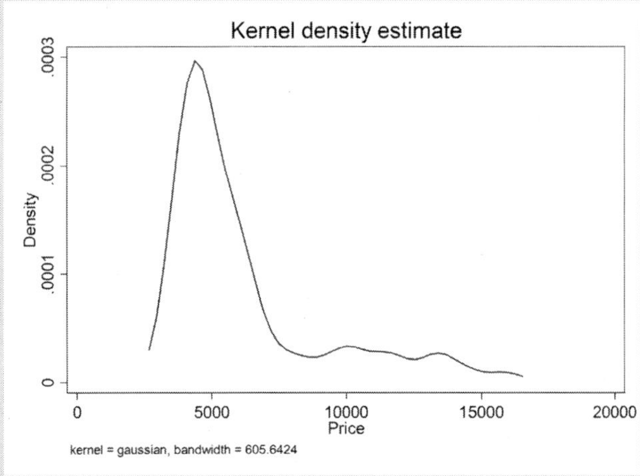

在kdensity命令后面输入您想要绘制分布的变量名(例如price)。还可以选择一种核心函数(kernel function)，在上面的例子中，添加了gauss选项来选择正态分布。如上图所示，price变量具有向右的长尾分布(即：暗示正偏斜)。非参数分布估计的具体方法将从略，因为这不在本书的范围之内。

Tip 1.2中的kdensity命令可以在图中更清楚地理解下标度大于正态分布下标3的含义。安装kdensity的对话窗(dialog box)，如下所示。

. db kdensity

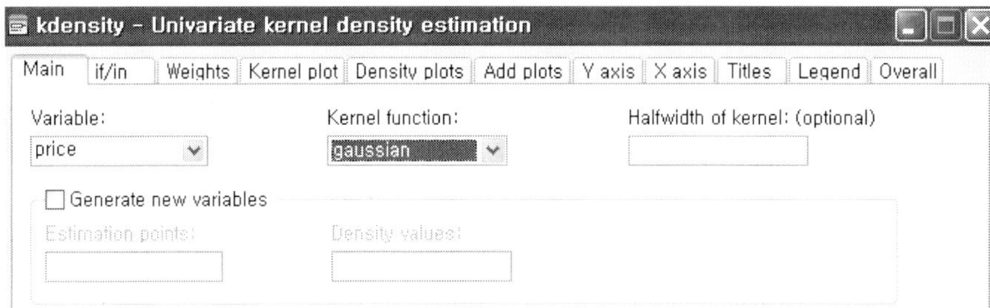

在上面的命令语窗口中，将price变量作为Variable，并在Kernel function中选择gaussian。然后，转到Kernel plot选项卡，在plot类型中选择Line，并在Line properties模式中选择Long dash。在Add plots选项卡中选择Add normal density plot。通过这样的选择，我们可以把非参数估计和正态分布函数估计的分布放在一张图上，以上命令语和执行结果如下:

. kdensity price, kernel(gaussian) normal recast(line) lpattern(longdash)

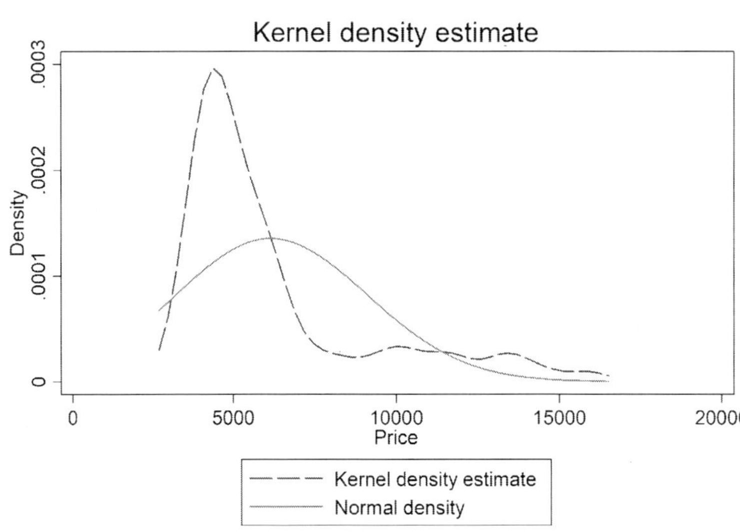

从图中可以看出，非参数估计的分布函数(虚线)比正态估计的分布(实线)峭度更尖，右尾更厚。

1.5 百分位数和四分位数

除了中位数，偏斜和峭度，前面介绍的su命令和de选项可以提供1%，5%，25%的百分数。百分比是将数据从小值到大值进行排序，分成100个等分，每个等分所对应的数据值。居中位数相当于50百分位。前面1.2节的执行结果显示，只有典型的百分比数。有时需要一个特定的百分数，使用centile命令。下面举例说明如下：

```
. centile price, c(10)
                                                       -- Binom. Interp. --
    Variable |     Obs  Percentile       Centile        [95% Conf. Interval]
-------------+-------------------------------------------------------------
       price |      74         10           3862        3683.619    4067.944
. centile price, c(50)
                                                       -- Binom. Interp. --
    Variable |     Obs  Percentile       Centile        [95% Conf. Interval]
-------------+-------------------------------------------------------------
       price |      74         50         5006.5        4593.566    5717.898

. centile price, c(25 75)
                                                       -- Binom. Interp. --
    Variable |     Obs  Percentile       Centile        [95% Conf. Interval]
-------------+-------------------------------------------------------------
       price |      74         25           4193        4009.467    4501.838
             |                 75           6378        5798.432      9691.6
```

可以在centile命令后面指定一个变量名，并可在c( )括号内指定所需的百分率。这里的例子有10,50,25,75百分位数。如上一个例子所示，在c( )的括号中可以同时指定两个以上的分位数。结果可能会因指令的不同而有所不同。从1.2节的执行结果来看，10%的值是3895，而在这里是3862。其原因是属于下游10%的观测值并非只存在一个。即price变数有74个观测值，10%列第7.4位。如果处理第7.4个值，结果会有所不同。在1.2节的例子中，第8个值是百分数，而在这里，第7个和第8个观测值的平均值是百分数。可以通过以下执行命令语确认上述说明。

```
. sort price
. di price[8]
3895
. di (price[7]+price[8])/2
3862
```

四分位(quartile)是指数据按升序排列时位于25%(第一分位), 50%(第二分位), 75%(第三分位)和100%(第四分位)的位置。和百分位一样, 可以使用centile命令来计算四分位。下面举例说明:

```
. centile price, c(25 50 75 100)
                                                       -- Binom. Interp. --
    Variable |       Obs  Percentile      Centile        [95% Conf. Interval]
-------------+-------------------------------------------------------------
       price |        74         25          4193        4009.467    4501.838
             |                   50        5006.5        4593.566    5717.898
             |                   75          6378        5798.432      9691.6
             |                  100         15906           15906      15906*
* Lower (upper) confidence limit held at minimum (maximum) of sample

. return list
scalars:
              r(n_cent) =  4
                  r(N) =  74
               r(ub_4) =  15906
               r(lb_4) =  15906
                r(c_4) =  15906
               r(ub_3) =  9691.599562721389
               r(lb_3) =  5798.432442010294
                r(c_3) =  6378
               r(ub_2) =  5717.897793287274
               r(lb_2) =  4593.566284952721
                r(c_2) =  5006.5
               r(ub_1) =  4501.83778994853
               r(lb_1) =  4009.466812426204
                r(c_1) =  4193
macros:
           r(centiles) : "25 50 75 100"

. di "IQR=" r(c_3)-r(c_1)
IQR=2185
```

上面例子中最后的结果是四分位范围(IQR;Interquartile Range)。IQR的定义是从第三个四分位减去第一个四分位。return list确认第一个象限已经存在r(c_1)中, 第三个象限已经存在r(c_3)中，然后使用它来计算IQR。

1.6 总体计算

让我们考虑一下计算数据总和的方法。最简单的方法是在一个显示变量的全部数据的列表命令中使用一个选项sum。这个例文和执行结果如下:

```
. list price, sum
     +--------+
     |  price |
     |--------|
  1. |  3,291 |
  2. |  3,299 |

     --- 省 略 -----

 73. | 14,500 |
 74. | 15,906 |
     |--------|
 Sum | 456229 |
     +--------+
```

从这个结果来看最后一行是所有观测值的总和。注意在列表命令中，除了sum之外，还有mean(平均数)和N(观察数)可作为选项。

同时，要在标尺中保存和值，使用total命令而不是列表命令是很方便的。要达到这个目的，你需要在total命令后面列出你想要的变量名。变量可以同时罗列多个。这个例文和执行结果如下:

```
. total price mpg
Total estimation                  Number of obs    =      74

--------------------------------------------------------------
             |      Total   Std. Err.     [95% Conf. Interval]
-------------+------------------------------------------------
       price |     456229   25372.52      405661.6    506796.4
         mpg |       1576   49.76878      1476.811    1675.189
--------------------------------------------------------------

. ereturn list
scalars:
```

```
              e(df_r) =  73
            e(N_over) =  1
                 e(N) =  74

----- 省略 -------


matrices:
                 e(b) :  1 x 2
                 e(V) :  2 x 2
                e(_N) :  1 x 2
  e(_N_strata_certain) :  1 x 1
   e(_N_strata_single) :  1 x 1
         e(_N_strata) :  1 x 1
             e(error) :  1 x 2
functions:
            e(sample)

. mat define total_mat=e(b)
. scalar total_p=total_mat[1,1]
. scalar total_m=total_mat[1,2]
. scalar list
   total_m =       1576
   total_p =     456229
```

在这个例子中，我们先执行total命令，然后通过ereturn list列表确认price变量和mpg变量的总和存储在矩阵e(b)中。因此，我们先将e(b)保存为一个新的矩阵total_mat，然后再将这个矩阵中的每个元素保存为total_p和total_m的scala。最后，通过scalar list命令，我们知道total_m和total_p中都保存了值。

这些和值也可以在egen对话框中使用。要做到这一点，需要调用下面的命令加载egen对话窗。

```
. db egen
```

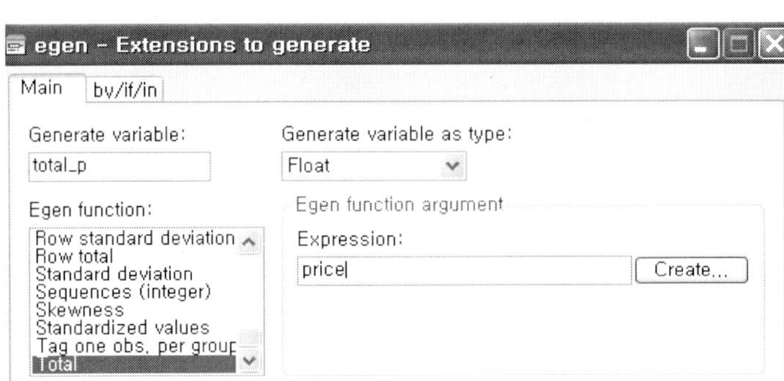

使用对话窗的方法是首先在生成的变量中输入新建的变量名(如total_p)，然后从Egen function中选择所需的函数(在这里是total函数)。在Expression中，只需要指定一个和的目标变量名，相应的命令语如下:

```
. egen total_p=total(price)
```

执行这个命令将会在Variables窗口中添加一个新的变量total_p。在Data Browser中，这个变量表示所有的观测值为456229。使用上面的命令也可以很容易的获得观测的平方和，这是创建平方和变量的命令。

```
. egen total_p2=total(price^2)
```

1.7 Stata do file

```
sysuse auto, clear
su price
mean price
mean price, over(foreign)
su price
scalar
scalar mean1=r(mean)
local mean2=r(mean)
di mean1
di `mean2'
ameans price
su price, de
sort price
di (price[37]+price[38])/2

kdensity price, gauss
kdensity price, kernel(gaussian) normal recast(line) lpattern(longdash)
centile price, c(10)
centile price, c(50)
centile price, c(25 75)
sort price
di price[8]
```

```
di (price[7]+price[8])/2
centile price, c(25 50 75 100)
return list
di "IQR=" r(c_3)-r(c_1)

list price, sum
total price mpg
ereturn list
mat define total_mat=e(b)
scalar total_p=total_mat[1,1]
scalar total_m=total_mat[1,2]
scalar list
egen total_p=total(price)
egen total_p2=total(price^2)
```

CHAPTER 02 假设检验基础

在本章学习中，将学习如何对总体比例和方差进行假设检验。总体样本平均检验在假设检验中是最基本的，但在本书中省略了使用Stata的总体样本平均检验，在闵仁植 · 崔弼善(2019a) 7.5节有详细的解释。

2.1 比率假设检验：单个样本

让我们考虑一下对某事案赞成(或反对)的比率，在选举中支持特定候选人的比率，新治疗方法的成功率等。在示例数据文件⊡R_data2_1中，abany变量是支持或反对人工流产的变量。让我们以此为样本来测试一下赞成堕胎的母婴比例是否为50%。在检验假设之前，我们先检验abany变量的性质。因为这是类别变量，所以可用tab命令语求出频率表。

```
. use R_data2_1,clear

. tab abany

abortion if |
woman wants |
    for any |
     reason |      Freq.     Percent        Cum.
------------+-----------------------------------
        yes |        387       43.00       43.00
         no |        513       57.00      100.00
------------+-----------------------------------
      Total |        900      100.00

. tab abany, nolabel

abortion if |
woman wants |
    for any |
     reason |      Freq.     Percent        Cum.
------------+-----------------------------------
          1 |        387       43.00       43.00
          2 |        513       57.00      100.00
------------+-----------------------------------
      Total |        900      100.00
```

根据前面的结果，对于abany变量，赞成的人为1，反对的人为2。调查结果显示，赞成堕胎的比率为43%。现在来检验是否有50%的人群赞成堕胎。为了检验Stata中总体的的假设，该变量必须由0和1的值组成。因此，recode命令必须将值1和2的abany变量替换为0和1。因为正数已经有1的值，所以只要把相反的情况从2换成0就可以了。

```
. recode abany (2=0), gen(abany1)
(513 differences between abany and abany1)
```

新变量abany1的值为0和1。我们要检验的假设是：

$$H_0 : p = 0.5$$
$$H_1 : p \neq 0.5$$

在这里，H_0是原假说，H_1是研究假说，p是样本比率。要验证上述假设，可以从对话窗中输入db prtest命令。

```
. db prtest
```

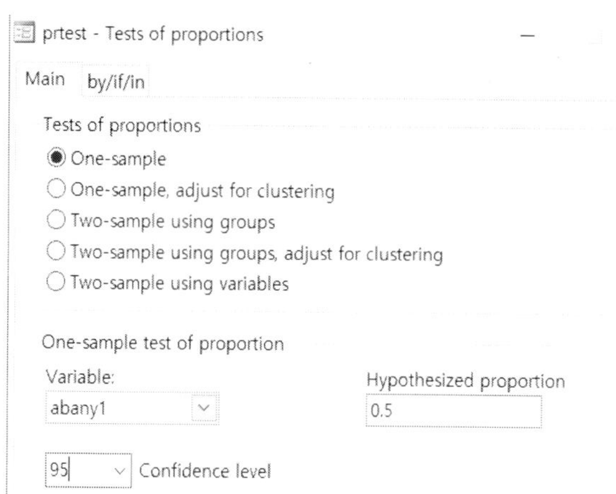

在对话窗口的Variable栏中指定被假设检验的变量，　即abany1，　在Hypothesized proportion中写出想要检验的总比率(0和1中间的1所占比率)。该命令语及执行结果如下:

```
. prtest abany1 = 0.5

One-sample test of proportion                    abany1: Number of obs =      900
------------------------------------------------------------------------------
    Variable |       Mean   Std. Err.                     [95% Conf. Interval]
-------------+----------------------------------------------------------------
      abany1 |        .43   .0165025                      .3976556    .4623444
------------------------------------------------------------------------------
    p = proportion(abany1)                                        z =  -4.2000
Ho: p = 0.5

     Ha: p < 0.5                 Ha: p != 0.5                 Ha: p > 0.5
 Pr(Z < z) = 0.0000         Pr(|Z| > |z|) = 0.0000          Pr(Z > z) = 1.0000
```

从上面的结果来看，右侧中间是$z = -4.2$检验统计量。此检验统计是按照标准正态分布计算的。

$$Z = \frac{\hat{p} - p}{\sqrt{p(1-p)/n}} \sim N(0,1) \qquad (식\ 2.1)$$

式中，$\hat{p}$样本的赞成比(在此处为0.43)，n是原假设样本的大小，p是特定的比率(在此处为0.5)，为了使检验统计量趋于正正分布，需要满足$np \geq 10$和$n(1-p) \geq 10$的条件。因此，这个例子满足正态分布($n = 900$，$p = 0.5$)条件。下面是三个对原假设Ha的检验结果。第一，研究假设(p 〈 0.5)是左尾检验，在此情况下，p值(0.00)小于0.05，在5%显著水平下，拒绝原假设而接受研究假设，也就是说，赞成堕胎的比率在0.5以下。第二，研究假设(p != 0.5)是双向检验。在此情况下，由于p值(0.00)小于0.05，在5%可行水平下拒绝原假设而接受研究假设。也就是说赞成堕胎的比率不是0.5。第三，研究假设(p 〉 0.5)是右尾检验。因为p值(1.00)大于0.05，不能在5%有水平上拒绝原假设。也就是说赞成堕胎的比率在0.5以下。前面的结果给出了人工流产率95%的置信区间 [0.39，0.46]。95%的置信区间不包括0.5，这与赞成堕胎的比率为0.5的双方鉴定的原假设主张是一脉相通的。

此次不是对总体样本，而是对男性和女性两组，分别进行对赞成堕胎比率的假设验证，sex就是性别的变量，想要检验的总比率和前面的例子一样，是0.5，进入前面看到的prtest对话窗中的by/if/in标签中，在Repeat command by group中指定sex。该命令语和执行结果如下:

```
. by sex, sort : prtest abany1 = 0.5
-> sex = male
One-sample test of proportion                  abany1: Number of obs =      484
------------------------------------------------------------------------------
    Variable |       Mean   Std. Err.                     [95% Conf. Interval]
-------------+----------------------------------------------------------------
      abany1 |   .4442149   .0225854                      .3999484    .4884814
------------------------------------------------------------------------------
    p = proportion(abany1)                                      z =   -2.4545
Ho: p = 0.5

     Ha: p < 0.5                 Ha: p != 0.5                 Ha: p > 0.5
 Pr(Z < z) = 0.0071         Pr(|Z| > |z|) = 0.0141          Pr(Z > z) = 0.9929

-> sex = female
One-sample test of proportion                  abany1: Number of obs =      416
------------------------------------------------------------------------------
    Variable |       Mean   Std. Err.                     [95% Conf. Interval]
-------------+----------------------------------------------------------------
      abany1 |   .4134615   .0241446                      .3661391     .460784
------------------------------------------------------------------------------
    p = proportion(abany1)                                      z =   -3.5301
Ho: p = 0.5

     Ha: p < 0.5                 Ha: p != 0.5                 Ha: p > 0.5
 Pr(Z < z) = 0.0002         Pr(|Z| > |z|) = 0.0004          Pr(Z > z) = 0.9998
```

根据前述结果，抽样比例男性组的赞成堕胎率(0.44)略高于女性组的赞成人工流产率(0.41)。从鉴定结果来看，男性组和女性组的p值均小于0.05。因此两个组都可以在5%的水平上否决赞成堕胎比率为0.5的原假设。

在没有数据集，只有样本大小(n)和样本赞成率($\hat{p}$)的情况下，也可以进行假说检验。在对话窗中，选择下面的菜单。执行db prtesti命令。

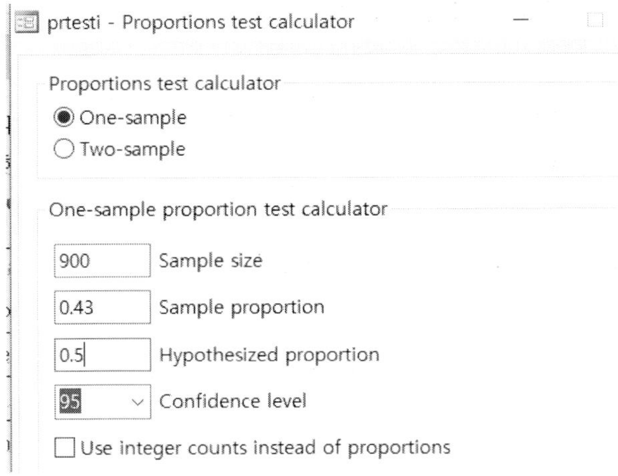

在对话窗中输入与前面所有组相同的信息。即：选择样本大小(Sample proportion) 900、样本比例(Sample proportion) 0.43和假设比例(Hypothesized proportion) 0.5。Stata命令和执行结果如下：

```
. prtesti 900 0.43 0.5
One-sample test of proportion                     x: Number of obs =       900
------------------------------------------------------------------------------
    Variable |       Mean   Std. Err.                     [95% Conf. Interval]
-------------+----------------------------------------------------------------
           x |        .43   .0165025                      .3976556    .4623444
------------------------------------------------------------------------------
    p = proportion(x)                                             z =  -4.2000
Ho: p = 0.5

     Ha: p < 0.5                 Ha: p != 0.5                 Ha: p > 0.5
 Pr(Z < z) = 0.0000         Pr(|Z| > |z|) = 0.0000          Pr(Z > z) = 1.0000
```

前面的语句，在prtesti命令后面按样本大小，样本比例，总样本比例的顺序输入即可。结果与之前对整个小组进行的假设检验结果完全一致。

2.2 比率检验假设：两个样本

请考虑把实验对象分成控制组和实验组，对两组新药的成功率进行比较。不同于前一节，标本分为两组。示例数据文件⊡R_data2_2.dta。我们先看看两个数据组，如dta，是wide type构成的。那么假设如下：

$$H_0 : p_1 = p_2$$
$$H_1 : p_1 \neq p_2$$

这里的“p_1和 p_2”分别是指第一组和第二组的成功比率。

```
. use R_data2_2, clear
. db prtest
```

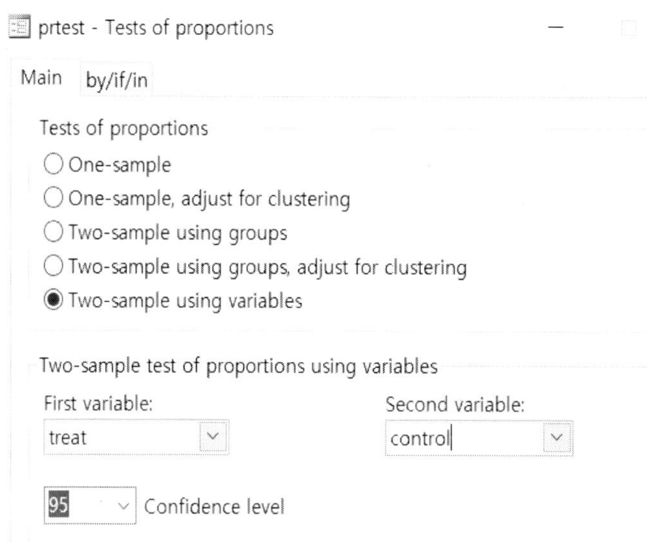

在对话窗口的First variable和Second variable中指定两个组的变量。在此示例中，参数treat和control。在此情况下，Stata命令和执行结果如下:

```
. prtest treat = control

Two-sample test of proportion                   treat: Number of obs =       30
                                              control: Number of obs =       30
------------------------------------------------------------------------------
    Variable |       Mean   Std. Err.      z    P>|z|     [95% Conf. Interval]
-------------+----------------------------------------------------------------
       treat |         .6   .0894427                      .4246955    .7753045
     control |   .3333333   .0860663                      .1646465    .5020202
-------------+----------------------------------------------------------------
        diff |   .2666667   .1241266                       .023383    .5099503
```

```
             |  under Ho:   .1288122      2.07   0.038
------------------------------------------------------------------------------
        diff = prop(treat) - prop(control)                     z =   2.0702
    Ho: diff = 0

    Ha: diff < 0                 Ha: diff != 0                 Ha: diff > 0
 Pr(Z < z) = 0.9808         Pr(|Z| < |z|) = 0.0384          Pr(Z > z) = 0.0192
```

从上面的结果来看，右边中间$z = 2.07$是检验统计量。此检验统计量计算如下:

$$Z = \frac{\hat{p}_1 - \hat{p}_2}{\sqrt{\bar{p}(1-\bar{p})\left(\frac{1}{n_1} + \frac{1}{n_2}\right)}} \sim N(0,1) \qquad (式\ 2.2)$$

其中，"$\hat{p}_1$和$\hat{p}_2$"是各小组的标本成功率，"n_1和n_2"是各小组的样本量。在这里$\bar{p} = (x_1 + x_2)/(n_1 + n_2)$，$x_1$和$x_2$是每组成功的次数。为了使以上检验统计量趋于正态分布，$n_1\hat{p}_1 \geq 10, n_1(1-\hat{p}_1) \geq 10, n_2\hat{p}_2 \geq 10, n_2(1-\hat{p}_2) \geq 10$的条件需要满足。

以上双侧检验的结果显示：p值(0.03)小于0.05，因此在5%可行水平上驳回原假说，也就是说两个组的成功比率不一样。在左尾检验中，由于p值(0.98)大于0.05，不能在5%显著水平上拒绝零假设。因此，treat组的成活率大于或等于control组的成活率。最后，对于右尾检验，由于p值(0.01)小于0.05，在5%显著水平上拒绝原假设。因此，即使在这种情况下，treat组的成活率也可能大于或等于control组的成活率。

在测试两个样本的比例时，我们考察了wide type数据结构。考虑一个长类型的数据。wide type是表示成功数据的两排数据，long type不是将两组数据堆成一列，而是由另一个变量来显示每个值属于哪一组。首先，数据文件 ⊡R_data2_2.dta。将dta转换为long type。这需要一个stack指令。

```
. stack treat control, into(cure) clear
```

treat和control变量，在传统的wide type中是独立的，现在通过上面的语句将它们组合成单个变量，称为cure。这是一个新的_stack变量，如果新的cure值来自先前treat组，则值为1，而如果来自control组，则值为2。也就是说_stack是long type中区分组的变量。现在让我们用这组新的数据来检验两个样本之间的比率。这样导入对话窗。

```
. db prtest
```

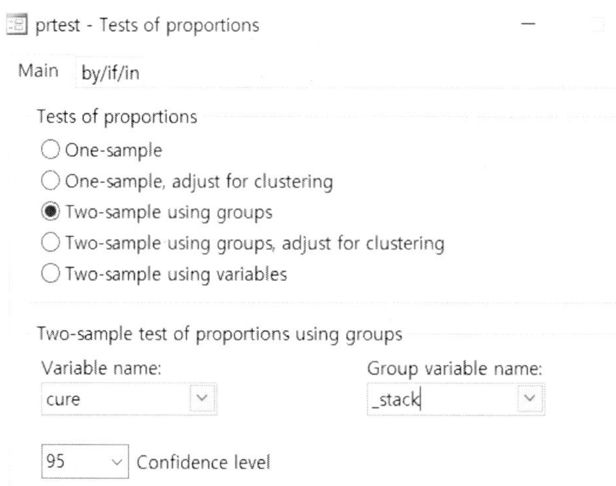

从对话窗口的Variable name中选择cure变量，并在Group Variable name中指定_stack变量来区分这个组。假设检验结果如下：

```
. prtest cure, by(_stack)

Two-sample test of proportion                   1: Number of obs =       30
                                                2: Number of obs =       30
------------------------------------------------------------------------------
    Variable |       Mean   Std. Err.      z    P>|z|     [95% Conf. Interval]
-------------+----------------------------------------------------------------
           1 |         .6   .0894427                      .4246955    .7753045
           2 |   .3333333   .0860663                      .1646465    .5020202
-------------+----------------------------------------------------------------
        diff |   .2666667   .1241266                       .023383    .5099503
             |  under Ho:   .1288122     2.07   0.038
------------------------------------------------------------------------------
        diff = prop(1) - prop(2)                                  z =   2.0702
    Ho: diff = 0
```

```
          Ha: diff < 0                 Ha: diff != 0                 Ha: diff > 0
 Pr(Z < z) = 0.9808         Pr(|Z| < |z|) = 0.0384          Pr(Z > z) = 0.0192
```

请注意，在这个语句中，您把by作为选项而不是prefix。以上结果可以与wide type数据集的假设检验结果完全一致。

同时，假设检验也可以在没有数据集而只有两组样本大小和样本比例的情况下进行。使用prtesti命令语及结果如下:

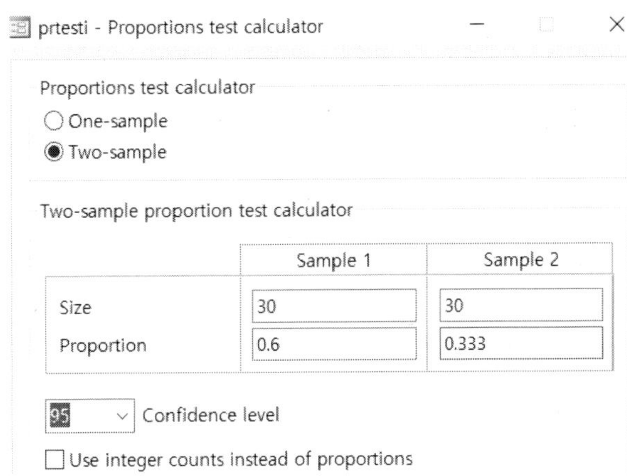

在上面的对话窗中，输入前面所见的treat组和control组的信息。Stata命令和执行结果如下：

```
. prtesti 30 0.6 30 0.333

Two-sample test of proportion                  x: Number of obs =        30
                                               y: Number of obs =        30
------------------------------------------------------------------------------
    Variable |       Mean   Std. Err.      z     P>|z|     [95% Conf. Interval]
-------------+----------------------------------------------------------------
           x |         .6   .0894427                        .4246955   .7753045
           y |       .333   .0860448                        .1643554   .5016446
-------------+----------------------------------------------------------------
        diff |       .267   .1241116                        .0237456   .5102544
             |  under Ho:   .1288094    2.07   0.038
------------------------------------------------------------------------------
        diff = prop(x) - prop(y)                                  z =   2.0728
    Ho: diff = 0
```

```
    Ha: diff < 0                 Ha: diff != 0                 Ha: diff > 0
 Pr(Z < z) = 0.9809         Pr(|Z| < |z|) = 0.0382          Pr(Z > z) = 0.0191
```

在prtesti命令之后，你需要依次输入四个值，如前所述。可以看出，上述结果与使用数据集的检验结果完全相同。

2.3 二项概率分布 比率检验

如果第2.1节中的检验统计量(式2.1)不能满足正态分布的条件，则使用二项概率分布(binomial probability distribution)检验其假设比率。让我们用示例文件r_data2_3数据来考虑这个问题。数据集是对15名学生进行调查，记录某事件成功与失败的数据。quick变量，如果成功则为1，反之失败为0。此数据可以用来检验下面关于样本比率的假设(右尾检验)。

$$H_0 : p = 0.3 \ \ (\text{或} \ p \leq 0.3)$$
$$H_1 : p > 0.3$$

表达式2.1的检验统计量必须满足正则条件，也就是正态分布条件，但在上面示例中，却不能满足正态分布条件。在这种情况下，你可以使用bitest命令，而不是prtest命令。

```
. db bitest
```

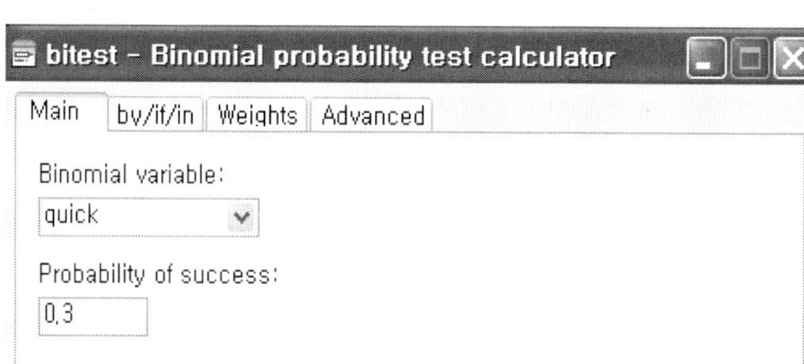

在对话窗口中，在Binomial variable中选择quick变量来检验假设，而在 Probability of success中则输入原假设比率。这样的命令和执行结果是:

```
. use R_data2_3,clear

. bitest quick = 0.3

    Variable |        N   Observed k   Expected k   Assumed p   Observed p
-------------+------------------------------------------------------------
       quick |       15          7          4.5       0.30000      0.46667

(检验 1) Pr(k >= 7)           = 0.131143  (one-sided test)
(检验 2) Pr(k <= 7)           = 0.949987  (one-sided test)
(检验 3) Pr(k <= 1 or k >= 7) = 0.166410  (two-sided test)
```

在上面的结果中，Observed k表示已观察到的成功次数，而Expected k表示当$p=0.3$时预期成功的次数。Observed p是观察成功次数除以观察成功次数(15)的成功比率。这里有三种检验的结果，第一次检验的原假设和研究假设如下:

$$H_0 : p = 0.3 \ (\text{或} \quad p \le 0.3)$$
$$H_1 : p > 0.3$$

Pr(k>=7)=0.131是在原假设条件下成功次数大于或等于7的概率，右尾检验的p值，因为p值大于0.05，不在5%显著性水平上，驳回原假设。因此，成功率小于或等于0.3的假设不能被驳回。Pr(k⟩=7)=0.131的概率计算公式是二项概率变数的概率分布函数，如下所示。

$$\Pr(k \ge 7) = 1 - \sum_{k=0}^{6} {}_{15}C_k (0.3)^k (0.7)^{15-k}$$

与前面检验相同，左尾检验2的原假设和研究假设如下：

$$H_0 : p = 0.3 \ (\text{或} \ p \ge 0.3)$$
$$H_1 : p < 0.3$$

检验2的Pr(k⟨=7)=0.949是在原假设()条件下成功次数小于或等于7的概率。因为p

值大于0.05，也不在5%显著性水平上，所以驳回原假设。因此，成功概率大于或等于0.3的假设不能被驳回。**Pr(k<=7)=0.949**的概率计算公式如下:

$$\Pr(k \leq 7) = \sum_{k=0}^{7} {}_{15}C_k (0.3)^k (0.7)^{15-k}$$

检验3是双侧检验，而原假说和研究假说是:

$$H_0 : p = 0.3$$
$$H_1 : p \neq 0.3$$

因为是双侧检验，不仅要考虑右侧$k \geq 7$概率，还需要考虑左侧k也小于或等于任何整数的概率。此时，应考虑左侧部分的基准点$\Pr(k=7)$为更小的概率。与左侧相对应$\Pr(k=7)=0.081$，因此，$\Pr(k=2)=0.091$和$\Pr(k=1)=0.030$，左侧检验考虑$\Pr(k \leq 1)$的情况，双方检验的p值可以由下面的公式计算。

$$\Pr(k \leq 1) + \Pr(k \geq 7)$$
$$= \sum_{k=0}^{1} {}_{15}C_k (0.3)^k (0.7)^{15-k} + \left(1 - \sum_{k=0}^{6} {}_{15}C_k (0.3)^k (0.7)^{15-k}\right)$$

在上述结果中，由于p值大于0.05，也无法在5%显著性水平上，驳回原假设。也就是说样本比率等于0.3。

Tip 2.1 ● 二项概率分布的概率计算

binomial(n,k,p)函数可以用来计算二项概率分布的概率。n代表样本量，k代表成功次数，p代表成功比率。例如，在上面的例子中，查找执行次数为15、成功率为0.3的$\Pr(k \leq 7)$Stata命令和结果如下。

```
. di binomial(15,7,0.3)
0.94998746
```

$\Pr(k \geq 7)$和$\Pr(k \leq 1 \text{ or } k \geq 7)$如下求解：

```
. di 1-binomial(15,6,0.3)
0.13114257
. di binomial(15,1,0.3)+(1-binomial(15,6,0.3))
0.16641017
```

上面计算出的概率和前面的p值是一致的。

此外，假设检验也可以在没有数据集的情况下进行，只有样本量和观察到的成功次数。就像前面提到的prtest和prtesti的关系一样，二项概率分布的比率检验也使用bitest命令，如果数据集存在，则使用bitesti。对和前面的例子相同的零假设($H_0 : p = 0.3$)的检验结果如下:

```
. bitesti 15 7 0.3

        N   Observed k   Expected k   Assumed p   Observed p
-------------------------------------------------------------
       15          7           4.5      0.30000      0.46667

  Pr(k >= 7)            = 0.131143  (one-sided test)
  Pr(k <= 7)            = 0.949987  (one-sided test)
  Pr(k <= 1 or k >= 7) = 0.166410  (two-sided test)
```

在命令语"bitesti"之后按顺序输入标本大小、观察的成功次数以及假设设定的成功比率。结果与使用数据集的检验结果完全相同。

2.4 检验方差的假设：单个样本

在分析给定的数据特征时，与平均值和比例同样重要的是方差。方差或标准差是描述数据分布的一种重要方法。标准差，特别在资产回报率的时间序列数据中，与波动(volatility)概念相关，被用来衡量风险(risk)。本节介绍使用样本数据检验总标准差的假设方法。首先，它使用一个标准差来检验总标准差(σ)是否等于某一特定值。假说如下:

$$H_0 : \sigma = \sigma_0$$

$$H_1 : \sigma \neq \sigma_0$$

用示例数据文件⊡R_data2_1.dta来检验一下假设。分析的变数是hrs1，表示每个人每周的工作时间，假设想要了解的是工时的某标准差是否等于14小时，使用sdtest命令

```
. db sdtest
```

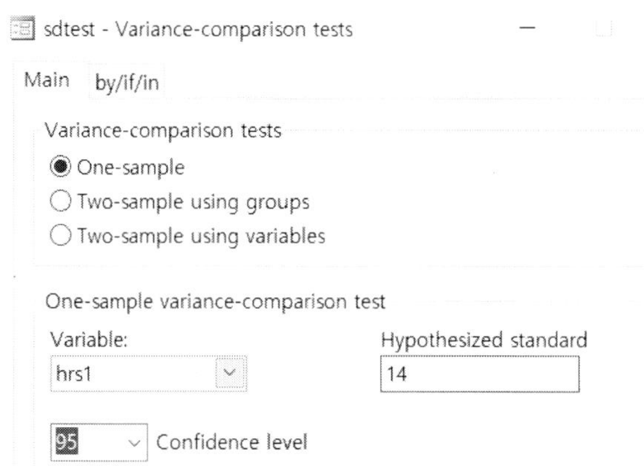

在对话窗口的变量中，选择hrs1作为测试的参数，并指定Hypothesized standard deviation为14。执行结果为:

```
. sdtest hrs1 = 14

One-sample test of variance
------------------------------------------------------------------------------
Variable |     Obs        Mean    Std. Err.   Std. Dev.   [95% Conf. Interval]
---------+--------------------------------------------------------------------
    hrs1 |    1729    41.77675    .3516739    14.62304      41.087     42.4665
------------------------------------------------------------------------------
    sd = sd(hrs1)                                         c = chi2 =  1.9e+03
Ho: sd = 14                                     degrees of freedom =     1728

    Ha: sd < 14               Ha: sd != 14                  Ha: sd > 14
  Pr(C < c) = 0.9955        2*Pr(C > c) = 0.0091          Pr(C > c) = 0.0045
```

右中是检验统计量c=chi2=1.9e+03。检验统计量公式为:

$$C = \frac{(n-1)S^2}{\sigma_0^2} \sim \chi^2(n-1)$$

这里的样本标准差是前面结果的Std. Dev.值(即14.62)，σ_0是在原假设中设定的标准差的值。为了使上述检验统计量趋于卡方分布，总样本必须趋于正态分布。根据中央极限定理(Central Limit Theorem)，如果样本足够大，则总体是正态分布的，除非数据的分布具有非常严重的偏度。与其他假设一样，可以得到左、右、两侧三种检验结果。从中间两方面的检验结果来看，由于p值(0.00)小于0.05，在5%显著性水平上，驳回($H_0: \sigma = 14$)原假设。这意味着每周工时的总标准差不能等于14小时。对于上述结果，双方检验p值可以直接计算如下[※]。下面计算出的p值与前面的执行结果一致。

```
. di 2*chi2tail(1728, 1728*14.62304^2/14^2)
0.00909048
```

不以整体样本，而是以男性组和女性两组分别进行测试。在sdtest对话窗口的by/if/in标签中，可以在 Repeat command by group中指定sex变量。执行结果为:

```
. by sex, sort : sdtest hrs1 = 14
-------------------------------------------------------------------------------->
sex = male

One-sample test of variance
------------------------------------------------------------------------------
Variable |     Obs        Mean    Std. Err.   Std. Dev.   [95% Conf. Interval]
---------+--------------------------------------------------------------------
    hrs1 |     843    45.08897    .5155687    14.96926    44.07702    46.10092
------------------------------------------------------------------------------
    sd = sd(hrs1)                                          c = chi2 = 962.6241
Ho: sd = 14                                       degrees of freedom =     842

    Ha: sd < 14                 Ha: sd != 14                 Ha: sd > 14
  Pr(C < c) = 0.9976         2*Pr(C > c) = 0.0047         Pr(C > c) = 0.0024

-------------------------------------------------------------------------------->
sex = female
```

※ 关于卡方分布检验的命令语请参考闵仁植 · 崔弼善(2019a) 7.6节。

```
One-sample test of variance
------------------------------------------------------------------------------
Variable |     Obs        Mean    Std. Err.   Std. Dev.   [95% Conf. Interval]
---------+--------------------------------------------------------------------
    hrs1 |     886    38.62528    .4556319    13.56223    37.73104    39.51953
------------------------------------------------------------------------------
    sd = sd(hrs1)                                         c = chi2 = 830.5183
Ho: sd = 14                                  degrees of freedom =        885

    Ha: sd < 14                 Ha: sd != 14                 Ha: sd > 14
  Pr(C < c) = 0.0957         2*Pr(C < c) = 0.1913         Pr(C > c) = 0.9043
```

结果表明，对于男性组，5%显著性水平时的标准差大于14，而对于女性组，5%有显著性水平时的标准差是14的假设是不能被驳回的。因此，男性群体的工作时间分布范围更广。

Tip 2.2 ● 使用prefix by的时候，接下来 return list

使用by prefix男女各假设检验执行，然后使用return list，最后结果(在文章前面的示例中，女子组合的结果)只有保存的可以得到(在下面语句qui quietly的缩略语语句做不出结果执行的功能)。

```
. qui by sex, sort : sdtest hrs1 = 14
. return list
scalars:
                 r(p) =  .1913408251568973
               r(p_l) =  .0956704125784487
               r(p_u) =  .9043295874215513
                r(sd) =  13.56222710905476
              r(chi2) =  830.5183350992763
                r(df) =  885
                 r(N) =  886
```

为了同时保存男性组和女性组的测试统计量，不使用by，而应该使用if条件句，如下所示：

```
..qui sdtest hrs1 = 14 if sex==1
. scalar chi2_male=r(chi2)
```

```
. qui sdtest hrs1 = 14 if sex==2
. scalar chi2_female=r(chi2)
. scalar list
chi2_female =  830.51834
chi2_male =  962.62412
```

同时，假设检验也可以在没有数据集的情况下，只有样本量和标准差进行。就像我们在前一节中看到的prtest和prtesti一样，在总统计量标准差检验中，如果有数据集，则使用命令sdtest，否则，则使用sdtesti。在上面的例子中，使用关于女性组的信息来检验原假设($H_0 : \sigma = 14$)。命令语和执行结果如下：

```
. sdtesti 886 . 13.56223 14
```

语句在sdtesti之后指定样本大小、样本平均数、样本标准差，以及最后作为假设设置的总统计量标准差值。因为这是一个总统计量标准差检验，所以大家可能不知道或对样本平均值不关心。在这种情况下，正如上面语句中所看到的，样本平均值可以用缺测值(.)表示出来。执行上述语句会得到与使用数据集相同的结果。

2.5 检验方差假设:两个样本

本节介绍比较两组的总方差或总标准差相等的假设检验。示例数据文件R_data2_4.dta。包含男子组收入(inc_male)和女子组收入(inc_female)变量。以此来检验两组收入的总标准差是否相等。

$$H_0 : \sigma_{male} = \sigma_{female}$$
$$H_1 : \sigma_{male} \neq \sigma_{female}$$

如果数据结构是wide type(参见2.2节)，则仍然使用sdtest命令。

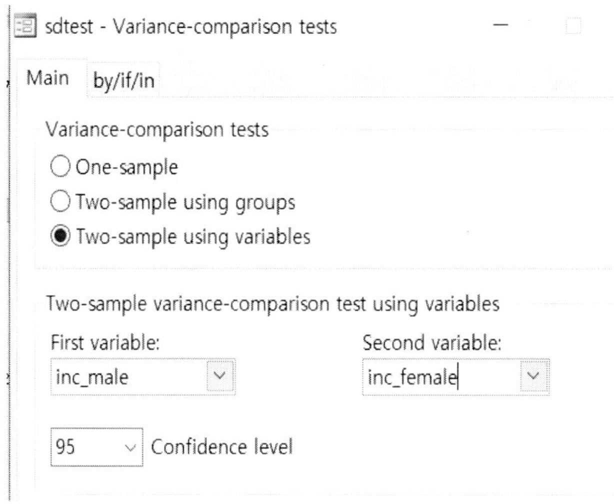

在对话窗口的First variable中，我们选择男子组的收入变量;在Second variable中，我们选择女子组的收入变量。命令语和执行结果如下:

```
. sdtest inc_male = inc_female

Variance ratio test
------------------------------------------------------------------------------
Variable |     Obs        Mean    Std. Err.   Std. Dev.   [95% Conf. Interval]
---------+--------------------------------------------------------------------
inc_male |      19        2728    508.9954    2218.659     1658.64     3797.36
inc_fe~e |      14    2272.714    674.6932    2524.471    815.1283      3730.3
---------+--------------------------------------------------------------------
combined |      33    2534.848    404.8982    2325.963    1710.098    3359.599
------------------------------------------------------------------------------
    ratio = sd(inc_male) / sd(inc_female)                     f =   0.7724
Ho: ratio = 1                                    degrees of freedom =   18, 13

    Ha: ratio < 1               Ha: ratio != 1                 Ha: ratio > 1
  Pr(F < f) = 0.3000         2*Pr(F < f) = 0.6001          Pr(F > f) = 0.7000
```

右中显示检验统计量为f=0.7724。检验统计量公式为:

$$F=\frac{S_{male}^2}{S_{female}^2}\sim F(n_{male}-1,\ n_{female}-1)$$

在前面的公式中，S^2_{male} 和S^2_{female} 分别是男子组和女子组的样本方差。注意不是样本标准差，为了使前面的验证统计量服从F分布，男女组收入都必须服从正态分布。检验统计量可以用return list直接计算出来。

```
. di r(sd_1)^2/r(sd_2)^2
0.77239708
```

另一方面，计算p值在求双方检验的F分布值小于检验统计值的概率后，取两倍。计算结果可以直接验证:

```
. di 2*(1-Ftail(r(df_1), r(df_2), r(F)))
0.6000787
```

以上双侧检验结果显示，p值(0.60)大于0.05，因此不在5%显著性水平上，驳回原假设。因此，不能否认两组的总体方差是相等的。

到目前为止，我们使用的是“wide type数据”，该数据将男性组和女性组的收入数据分开存在。考虑长类型的数据。首先，数据文件 R_data2_4.dta，wide type。使用stack命令将dta转换为long type。

```
. stack inc_male inc_female, into(income)
```

inc_male和inc_female两个在先前的wide type中是独立的变量，通过上面的语句，它们现在被合并为一个变量income。变量_stack是一个新的变量，如果新建的income值来自 inc_male，则值1;如果来自inc_female，则值2。让我们用这个新的数据来做一个比较方差的检验。

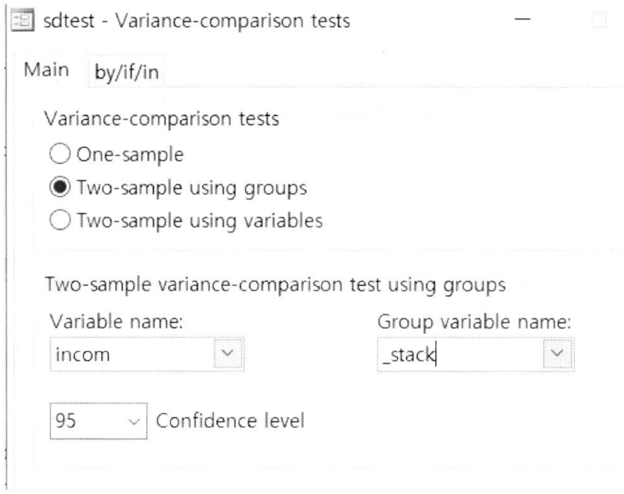

从对话窗口的Variable name中选择income变量，并在Group Variable name中指定_stack变量来区分组别。假设检验结果如下：

```
. sdtest income, by(_stack)

Variance ratio test
------------------------------------------------------------------------------
   Group |     Obs        Mean    Std. Err.   Std. Dev.   [95% Conf. Interval]
---------+--------------------------------------------------------------------
       1 |      19        2728    508.9954    2218.659     1658.64     3797.36
       2 |      14    2272.714    674.6932    2524.471    815.1283      3730.3
---------+--------------------------------------------------------------------
combined |      33    2534.848    404.8982    2325.963    1710.098    3359.599
------------------------------------------------------------------------------
    ratio = sd(1) / sd(2)                                         f =   0.7724
Ho: ratio = 1                                    degrees of freedom =   18, 13

    Ha: ratio < 1               Ha: ratio != 1                 Ha: ratio > 1
  Pr(F < f) = 0.3000         2*Pr(F < f) = 0.6001           Pr(F > f) = 0.7000
```

在sdtest命令之后指定一个income变量，并使用by作为选项。上面的结果与wide type数据集的假设检验结果完全一致。

同时，假设检验也可以在没有数据集的情况下进行，只有样本量和标准差。就像对单个样本进行总标准差检验一样，如果有数据集，则使用命令sdtest，否则，使用sdtesti。用于检验同一个原假设(男女组总体标准差相等)的语句和上面的例子使用的

相同信息如下:

```
. sdtesti 19 . 2218.659 14 . 2524.471
```

在sdtesti之后，可以依次输入男性组的样本量、样本平均、样本标准差，以及女性组的样本量、样本平均、样本标准差。如果你不知道或对样本平均值不了解，可以将样本平均值用缺测值(.)表示。执行上述语句会得到与使用数据集相同的结果。

为了使$F = S^2_{male} / S^2_{female}$检验统计量符合$F$分布，需要正态分布条件。如果两组在正态分布条件下仍需进行总方差假设检验，则可以使用Levene提出的检验方法。robvar命令的对话窗是这样的。

```
. db robvar
```

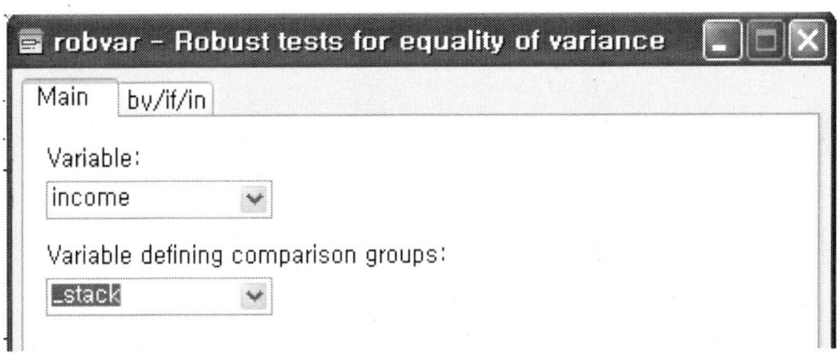

在Variable中选择income，在Variable defining comparison groups中选择_stack。需要注意的是，为了使用Levene检验，数据结构必须是长type。该命令是robvar，意思是robust variance检验，在该命令之后指定目标变量，使用by( )作为选项，在括号中指定_stack变量，它区分了组。Stata命令和执行结果如下:

```
. robvar income, by(_stack)

            |       Summary of income
     _stack |        Mean   Std. Dev.       Freq.
------------+------------------------------------
          1 |        2728   2218.6595          19
          2 |   2272.7143   2524.4707          14
------------+------------------------------------
```

```
     Total |  2534.8485   2325.963        33

W0  =  0.41287742   df(1, 31)     Pr > F = 0.52523681

W50 =  0.05588585   df(1, 31)     Pr > F = 0.81467592

W10 =  0.12462038   df(1, 31)     Pr > F = 0.72646558
```

上面的结果提供了Levene设计的检验统计量(*W*0, *W*50, *W*10), 其计算公式如下:

$$W=\frac{(n-k)\sum_{i=1}^{k}n_i(\overline{Z}_i-\overline{Z})^2}{(k-1)\sum_{i=1}^{k}\sum_{j=1}^{n_i}(Z_{ij}-\overline{Z}_i)^2}\sim F(k-1,n-k)$$

$n=n_{male}+n_{female}$是 组 数 , K 小 组 数 量 , 根 据 本 示 例 $n=33$, $k=2$。$Z_{ij}=\left|X_{ij}-\overline{X_i}\right|$, $\overline{X_i}$ 它有三种定义: *W*0是每个组的平均, *W*50是每个组的中位值, *W*10是每个组的上下位5%, 然后得到的平均值是10%截尾平均值(trimmed mean)。$\overline{Z}_i$是各组的平均, 代表了各组Z_{ij}的全体平均。由于以上三个检验的*p*值都大于0.05, 不可能拒绝男组和女组的总体方差相等的原假说。最后, 在检验结果中, robvar income, by(_stack)命令的检验结果与前面的sdtest income, by(_stack)命令的检验结果是一致的。

Tip 2.3 ● 求截尾平均值的指令

要计算前面提到的Levene的检验统计量, 需要得到10%截尾平均值(trimmed mean)。由于平均值的缺点受极端值的影响较大, 除去两个极端的值求平均值可以更稳定地测定中心倾向。Stata中求截尾平均值的指令是robmean。以下是robmean在互联网需要查找并安装robmean.ado文件。

```
. findit robmean
```

数据文件⊡R_data2_4.dta。使用stack命令将dta替换为long type并生成income

变量，然后计算上下各5%的折减平均值。为此，您可以将目标变量写在robmean命令之后，并使用trim(0.05)选项，如下所示。

```
. use R_data2_4, clear
. robmean income, trim(0.05)
```

```
.05 highest and lowest cases trimmed or winsorized

       income |      Obs     Estimate   Std. Dev.       Min       Max
--------------------------------------------------------------------
         mean |       33    2534.8485   2325.9630          0      9200
       median |       33    1920.0000
      trimmed |       31    2401.6129   2014.3098          0      8160
   winsorized |       33    2503.3333   2238.2236          0      8160
 huber 1-step |       24    2006.6639                    360      3480
   mod 1-step |       24    1797.9167    897.2347        360      3480
   multi-step |       31    1796.2085                      0      6800
--------------------------------------------------------------------
```

从上面的mean和trimmed观测个数可知，平均计算使用了33个观测，而上下各1个(33×0.05=1.65)的截尾平均值使用了31个观测。

2.6 Stata do file

```
use R_data2_1,clear
tab abany
tab abany, nolabel
recode abany (2=0), gen(abany1)
prtest abany1 = 0.5
by sex, sort : prtest abany1 = 0.5
prtesti 900 0.43 0.5

use R_data2_2, clear
prtest treat = control
stack treat control, into(cure) clear
prtest cure, by(_stack)
prtesti 30 0.6 30 0.333

use R_data2_3,clear
```

```
bitest quick = 0.3
di binomial(15,7,0.3)
di 1-binomial(15,6,0.3)
di binomial(15,1,0.3)+(1-binomial(15,6,0.3))
bitesti 15 7 0.3

use R_data2_1, clear
sdtest hrs1 = 14
di 2*chi2tail(1728, 1728*14.62304^2/14^2)
by sex, sort : sdtest hrs1 = 14

qui by sex, sort : sdtest hrs1 = 14
return list

qui sdtest hrs1 = 14 if sex==1
scalar chi2_male=r(chi2)
qui sdtest hrs1 = 14 if sex==2
scalar chi2_female=r(chi2)
scalar list
sdtesti 886 . 13.56223 14

use R_data2_4,clear
sdtest inc_male = inc_female
di r(sd_1)^2/r(sd_2)^2
di 2*(1-Ftail(r(df_1), r(df_2), r(F)))

stack inc_male inc_female, into(income)
sdtest income, by(_stack)
sdtesti 19 . 2218.659 14 . 2524.471

robvar income, by(_stack)
findit robmean
use R_data2_4, clear
robmean income, trim(0.05)
```

CHAPTER 03 方差分析

3.1 单因素方差分析

方差分析(ANOVA; Analysis of Variance)是通过检验来判断两个或多个观测群体均值间是否存在差异的一个过程。通过分析总观测结果的方差或总体平方和(total sum of squares)来确定是否有比误差更大的因素存在。单因素方差分析(英语:one-factor ANOVA)是一个因素导致每一组平均差异的方差分析模型。一般来说，对于每一组的总体，方差分析需要如下的假设。

- 各总体必须是正态分布
- 每个组的方差相等
- 每个组彼此独立

使用示例数据文件 R_data3_1.dta进行单向方差分析。数据是将居民的政治倾向分为四种，每一组分别为(stemcell_1，stemcell_2，stemcell_3，stemcell_4)，衡量居民对某项政治倾向的支持程度。这些数据还包含一个性别变量，它记录了每个受访者是男性还是女性。数据结构是一个典型的wide type结构。在这里要强调一下，为了在Stata中执行分布式分析，数据结构必须是长类型(long type)。因此，一个wide type的示例数据文件需要使用stack命令转换为long type。下面说明了过程:

```
. use R_data3_1, clear
. stack stemcell_1-female_4, group(4) clear
. rename (stemcell_1 female_1 _stack) (stemcell female party)
. drop if stemcell==.
(10 observations deleted)
```

前面的第一个语句使用stack命令和group选项，将8个变量从stemcell_1到female_4，分成4组，每组两列。这将四个组的支持程度数据合并成一个变量(stemcell_1)，同时性别变量也合并成一个变量(female_1)。在此过程中，一个新的_stack变量被创建，它显示每个个体属于四组中的哪一个组。然后，重新命名每个变量:stemcell代表“支持”，female代表“虚拟性别变量”，party代表“政治倾向”[*]。最后一条命令是要把缺失值排除掉的。

举例数据中，我们关心的是4种政治倾向不同，平均赞成程度是否有差异。简而言之，这四个样本的平均值是否有差异。因此，假设是:

H_0： $\mu_1 = \mu_2 = \mu_3 = \mu_4$

H_1：至少有一个μ_i不同。

为了在Stata中执行一个单元方差分析，可以从Statistics > Linear models and related > ANOVA/MANOVA 选择 One-way ANOVA。这样就会出现下面的对话窗。

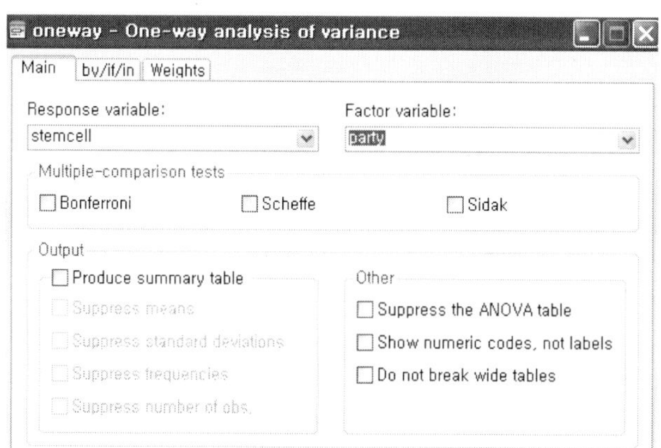

在对话窗口中，Response variable选择stemcell作为因变量。Factor variable指的是一个能导致平均支持率差异的因素变量，指的是一个政治倾向变量party。Stata命令和执行结果如下：

* 使用rename语句一次可以重命名三个变量，但Stata12版以上才可以

```
. oneway stemcell party

                        Analysis of Variance
    Source              SS         df      MS            F     Prob > F
------------------------------------------------------------------------
Between groups      92.7028986      3   30.9009662     12.46     0.0000
 Within groups      104.166667     42   2.48015873
------------------------------------------------------------------------
    Total           196.869565     45   4.37487923

Bartlett's test for equal variances:  chi2(3) =  20.1167  Prob>chi2 = 0.000
```

如前所见，可以在oneway命令后面依次指定因变量和因素变量或预测变量。F的方差分析检验统计量公式为:

$$F=\frac{\left(\sum_{i=1}^{k}n_i(\overline{X_i}-\overline{X})^2\right)/(k-1)}{\left(\sum_{i=1}^{k}\sum_{j=1}^{n_i}(X_{ij}-\overline{X_i})^2\right)/(n-k)}\sim F(k-1,n-k) \qquad (式3.1)$$

在上述结果中，MS Between groups值是各组间的平均变动，对应于上述F统计量的分子。此外，结果的Within groups MS值是组内的平均变动，与F统计量的分母相当。由于以上结果中检验统计量的p值(0.00)小于0.01，因此，在1%显著水平上驳回原假设(所有组的平均赞成程度相等)。也就是说，根据政治倾向的不同，平均赞成程度也不同。Bartlett的方差同一性检验(参见上述结果的最后一行)是判断4个组的方差是否相等的方法。如前所述，方差分析的一个假设是每个总体的方差必须相等。检验结果表明由于p值(0.00)小于0.01，在1%显著水平上有不同的方差。然而，由于在小样本的情况下常否决方差一致性假说，因此在本例中，Bartlett检验结果的可靠性不是很高。

这里的"i"是表示各组的"下标"，"j"是表示组中各个个体的"下标"。另外，$\overline{X_i}$，是每组的平均、$\overline{X}$是总平均、n_i是每组的样本量、n是总样本量，k是组的数目。ANOVA的原理是如果组间的差异大于组内的差异，则认为是该因素引起组间差异，因此，驳回原假说。在上述结果中，MS Between groups值是各组间的平均变动，对应于上述*F*统计量的分子。此外，结果的Within groups MS值是组内的平均变动，与*F*统计量的分母相当。由于以上结果中检验统计量的*p*值(0.00)小于0.01，因此，在1%显著水平上驳回原假设(所有组的平均赞成程度相等)。也就是说，根据政治倾向的不同，平均赞成程度也不同。Bartlett的方差同一性检验(参见上述结果的最后一行)是判断4个组的方差是否相等的方法。如前所述，方差分析的一个假设是每个总体的方差必须相等。检验结果表明由于*p*值(0.00)小于0.01，在1%显著水平上有不同的方差。然而，由于在小样本的情况下常否决方差一致性假说。因此，在本例中，Bartlett检验结果的可靠性不是很高。

上面的方差分析结果的缺点是，只能判断各小组的平均值是否相同。如果你想知道每一组的平均数具体如何不同，可以使用bonferroni选项:

```
. oneway stemcell party, bonferroni tabulate

            |        Summary of stemcell
      party |        Mean   Std. Dev.       Freq.
------------+------------------------------------
          1 |           8   1.2060454          12
          2 |   4.6666667   2.6053558          12
          3 |           7   .78446454          14
          4 |        4.75   .88640526           8
------------+------------------------------------
      Total |   6.2608696   2.0916212          46

                        Analysis of Variance
    Source              SS         df      MS            F     Prob > F
------------------------------------------------------------------------
Between groups      92.7028986      3   30.9009662     12.46     0.0000
 Within groups      104.166667     42   2.48015873
------------------------------------------------------------------------
    Total           196.869565     45   4.37487923

Bartlett's test for equal variances:  chi2(3) =  20.1167  Prob>chi2 = 0.000

                       Comparison of stemcell by party
                                (Bonferroni)
Row Mean-|
Col Mean |          1           2           3
---------+---------------------------------
       2 |   -3.33333
```

```
         |      0.000
         |
       3 |         -1    2.33333
         |      0.684      0.003
         |
       4 |      -3.25    .083333      -2.25
         |      0.000      1.000      0.015
```

上面的语句同时使用了bonferroni选项和tabulate选项。tabulate选项提供每个组的stemcell变量平均值的表格。bonferroni选项也提供了各组之间的多个t检验结果。在bonferrnoi结果中，每个单元有两个值，上面的值是检验两组间平均差的*t*检验统计量，下面的值是这个组的*p*值。根据上面的检验，在5%的显著水平上，1和2组的平均不一样，2和3组的平均也不一样。另外1和4组，3和4组的平均也不同。4种组合中有6种不同的组合。

Tip 3.1 ● 多组 *t* 检验的缺点

比起方差分析，上述多组*t*检验在比较各组间的平均差异时可能更有用。然而，它也有一个缺点，*t*检验需要重复多次。例如，如果有4个组，则需要重复6次考核。当一个组有时，需要执行的t检验的$_kC_2$总次数。

另一个缺点是，第一种错误(Type I error)可能会变大。例如，如果将方差分析和*t*检验的显著性水平设定为5%，那么方差分析的第一种误差仍然是5%，但如前所述，这是$1-(0.95)^6=0.264$第6个*t*检验的第一种误差的大小。即：在6次检验中至少有1次以上犯第1种错误的概率为26.4%，比方差分析要大得多。

在上面的例子中，影响因变量平均值的因素变数(即政治倾向)可以采取的4个类别。在Stata中，oneway命令可以分析375种类型的因素变量。如果超过375个类别，则使用loneway命令。loneway命令可以在类别少于376个的情况下使用。让我们用新建的示例数据文件⊡R_data3_2.dta来进行分析。

这里要分析的是各汽车厂商生产的汽车的平均燃油效率是否有差距。在这组数据中，manufacturer_grp为23组汽车制造商的变量，mpg为燃料里程数的变量。简而言之，想要测试23个标本的平均燃率是否存在差异。使用loneway命令可以从菜单中导出Statistics > Linear models and related > ANOVA/MANOVA > Large one-way ANOVA来进行分析。

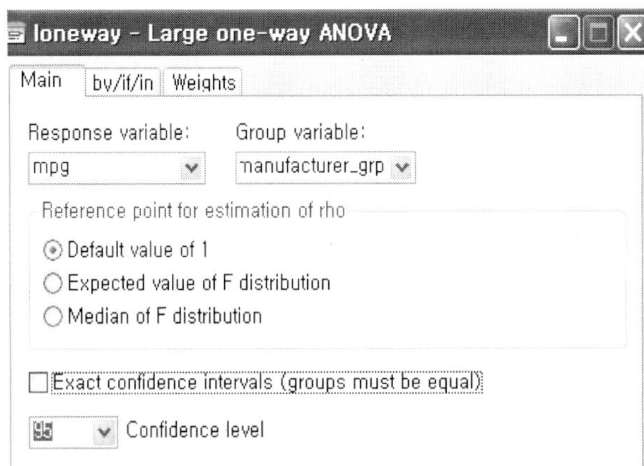

在响应变量中选择mpg，在组变量（因素变量）中选择manufacturers _grp。该命令语及执行结果如下:

```
. loneway mpg manufacturer_grp
                 One-way Analysis of Variance for mpg: Mileage (mpg)

                                              Number of obs =        74
                                                  R-squared =    0.5507

    Source                  SS          df       MS            F     Prob > F
-------------------------------------------------------------------------------
Between manufactur~p     1345.588       22    61.163092      2.84     0.0011
Within manufactur~p     1097.8714       51    21.526891
-------------------------------------------------------------------------------
Total                   2443.4595       73    33.472047

          Intraclass       Asy.
          correlation      S.E.       [95% Conf. Interval]
          ------------------------------------------------
             0.36827     0.13679      0.10017     0.63636

          Estimated SD of manufactur~p effect        3.542478
          Estimated SD within manufactur~p           4.639708
```

```
Est. reliability of a manufactur~p mean  0.64804
     (evaluated at n=3.16)
```

与oneway命令语类似，loneway命令在命令后面列出响应变量和组变量。单向方差分析的结果与oneway命令的执行结果是完全一致的。而当使用oneway命令时，如前所述，方差分析给出Bartlett的方差一致性检验，但loneway没有这个结果。

相反，它是一个intraclass correlation(组内相关系数)，以表示组内变量在多大程度上解释了响应变量。在这个例子中，因为内关联估计为0.368，所以这意味着manufacturers (grp)之间的差异可以解释36.8%的mpg波动。intraclass关联的估计是这样计算:

$$\hat{\rho}=\frac{\hat{\sigma}_B^2}{\hat{\sigma}_B^2+\hat{\sigma}_W^2}$$

上面所示的$\hat{\sigma}_B^2$是组间变动估计值与$\hat{\sigma}_W^2$是组内变动估计值。使用下面的方差分析结果，可以直接计算intraclass correlation。

```
. di (3.542^2/(3.542^2+4.639^2))
0.36827725
```

3.2 多元方差分析

在本节中，我们将了解多元方差分析MANOVA，即：一个超过2个组变量影响一个因变量。举例数据文件R_data3_1.dta是wide type来说，我们把dta转换为long type (参见前面的描述)，然后考虑两个变量，party(4个类别)和female(2个类别)影响stemcell(变量)。在例题数据中，我们想要知道的是4种政治倾向和2种性别的平均赞成程度是否有差异。测试8组stemcell变量的平均值是否有差异。检验假说如下:

H_0： $\mu_1=\mu_2=\cdots=\mu_8$

H_1：至少有一个μ_i不同

多元方差分析，可以从 Statistics > Linear models and related > ANOVA/MANOVA > Analysis of variance and covariance 里面选择。对话窗如下。

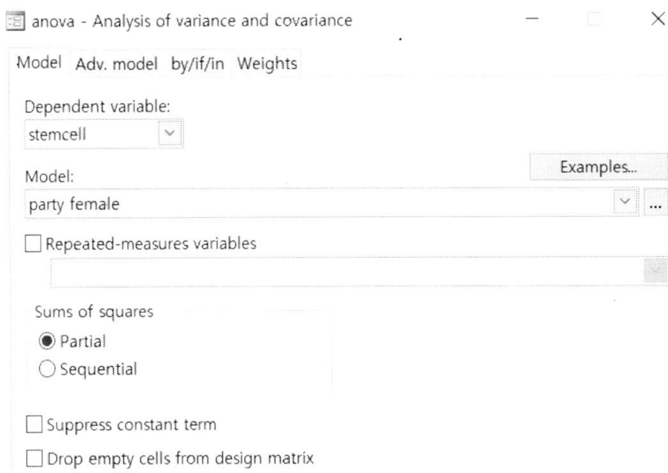

在对话窗口的Dependent variable中选择stemcell变量，在Model中选择两个因素变量(party和female)。以上命令语和执行结果如下:

```
. anova stemcell party female, partial

                    Number of obs =         46    R-squared     =  0.4727
                    Root MSE      =    1.59119    Adj R-squared =  0.4213

           Source |  Partial SS    df       MS         F     Prob > F
       -----------+----------------------------------------------------
            Model |  93.0622568     4  23.2655642      9.19    0.0000
                  |
            party |   92.616934     3  30.8723113     12.19    0.0000
           female |  .359358289     1  .359358289      0.14    0.7083
                  |
         Residual |  103.807308    41  2.53188557
       -----------+----------------------------------------------------
            Total |  196.869565    45  4.37487923
```

在anova命令之后指定一个因变量，以及两个解释变量，作为选项可以选择partial。以上结果有3个F检验统计量。首先party变数的F检验统计量的计算:

$$F_p = \frac{SST_p/(k_p-1)}{SSE/(n-k_p-k_f)}$$

SSE是party变数的误差平方和，SST_p是party变数的组间平方和，k_p是party变数的组个数(参见前节的表达式3.1)。同样，female变量F的检验统计公式如下：

$$F_f = \frac{SST_f/(k_f-1)}{SSE/(n-k_f-k_p)}$$

其中，SST_f为女性变量的平方和，k_f为女性变量的组数。最后，模型的F检验统计量如下：

$$F_M = \frac{(SST_p+SST_f)/(k_p+k_f-2)}{SSE/(n-k_p-k_f)}$$

根据以上的公式，可以直接计算F的检验统计量。

```
. scalar f_party=(92.61/3)/(103.80/41)
. scalar f_female=(0.359/1)/(103.80/41)
. scalar f_model=((92.61+0.359)/4)/(103.80/41)
. scalar list
   f_model =  9.1804648
  f_female =  .14180154
   f_party =  12.193353
```

让我们逐个解释一下上面的结果。首先，party变量的F检验统计量因为p值(0.00)小于0.05，所以可以说在5%显著水平下4个政治倾向(party变量)组的stemcell变量平均值并不都是一样的。其次，由于女性变量的p值(0.70)大于0.05，男女间的stemcell变量的平均值可以说是没有差异的。最后，由于模型的p值(0.00)小于0.05，在5%显著水平上拒绝原假设。不能说在8个类别(party 4个×2个female)之间stemcell变数的平均都一样。

party变量和female变量之间的相互作用变量是否会影响stemcell平均值。Stata命令和执行结果如下：

```
. anova stemcell party female party#female, partial

                     Number of obs =        46     R-squared     =  0.5897
                     Root MSE      =   1.45805     Adj R-squared =  0.5141

              Source |  Partial SS    df       MS           F     Prob > F
        -------------+----------------------------------------------------
               Model |  116.085438     7   16.583634       7.80     0.0000
                     |
               party |  81.8894916     3  27.2964972      12.84     0.0000
              female |  .061799732     1  .061799732       0.03     0.8655
        party#female |  23.0231814     3   7.6743938       3.61     0.0218
                     |
            Residual |   80.784127    38  2.12589808
        -------------+----------------------------------------------------
               Total |  196.869565    45  4.37487923
```

当在语句中列出影响因素变量时，添加了party#female以考虑交互效果。party#female的F检验统计量计算如下:

$$F_{pf} = \frac{SST_{pf}/(k_p-1)(k_f-1)}{SSE/(n-k_p-k_f)}$$

这里SST_{pf}是相互作用变数的平方和。由上面的结果可知，交互效应的p值(0.02)小于0.05，在5%置信水平上拒绝了原假设。在这种情况下，原假设是"不存在相互作用"的。因此，我们认为存在相互作用。可以使用table命令来测量交互作用的有效性，如下所示:

```
. table female party, contents(mean stemcell) f(%9.2f)

----------------------------------
          |         party
   female |    1     2     3     4
----------+-----------------------
        0 | 7.00  4.00  7.44  5.50
        1 | 8.71  5.33  6.20  4.00
----------------------------------
```

上面的语句是按照party和female的各个范畴求stemcell的平均数，并制成表格的。从结果来看，在party范畴1和2中，女性(female=1)的stemcell平均比男性(female=0)高，但在3和4中反而男性比女性高。这些结果可以判断出存在两个因素变量的相互作用效应。

3.3 对连续变量的方差分析

到目前为止，只考虑类别变量作为方差分析的因素变量。但是，连续变量也可能是方差分析的因素。这些变量也被称为协变量。通过考虑covariate所描述的因变量的变化，可以更准确地估计类别型自变量对因变量的影响。示例数据文件 考虑使用 R_data3_3.dta作为自变量的连续变量。举例数据中，我们想要了解的是“prestg80”变量是否存在年龄和性别变量的差异。

年龄变数是整数，从18岁到89岁都有分布。因此，如果将此看作是类别型变数，则按年龄划分共有72个组别。但是在这里，我们把年龄变数当作连续变量来分析。类似于前面的多方差分析指令，仍然以anova指令开始。因为age变量是连续的，所以必须使用操作符c.[*]。以上命令语和执行结果如下:

<结果 1> 将age变量看作是连续的

```
. use R_data3_3, clear
. anova prestg80 sex c.age, partial

                         Number of obs =      2634     R-squared     =  0.0028
                         Root MSE      =    13.894     Adj R-squared =  0.0021

                  Source |  Partial SS    df       MS           F     Prob > F
              -----------+----------------------------------------------------
                   Model |  1436.55191     2  718.275955      3.72     0.0243
                         |
                     sex |  159.283909     1  159.283909      0.83     0.3638
                     age |   1260.1007     1   1260.1007      6.53     0.0107
                         |
```

[*] c代表连续(continuous).

```
   Residual |  507898.572  2631  193.043927
 -----------+----------------------------------------------------
      Total |  509335.124  2633  193.442888
```

在上面的语句中，c.age预先指定了age是连续变量。如果age变量没有被指定为连续变量，则会被认为是类别变量。从结果来看，因sex变数有两种情况，所以自由度(df)为1。由于检验统计量的*p*值(0.36)大于0.05，因此在5%的显著水平下，性别的平均职业声誉(prestg80)是没有差异的。然而，由于age变量被视为连续变量，自由度为1。由于*p*值(0.01)小于0.05，所以在5%的显著水平下，年龄对职业的平均评价会有所不同。如果使用第8章的回归术语，这意味着age变量的斜率(slope)估计与0显著不同。最后，由于模型检验统计量的*p*值(0.02)小于0.05，我们可以说在5%显著水平下，性别和年龄两个因素对平均职业声誉有影响。如果使用第8章的回归术语，这意味着age变量的斜率(slope)估计与0显著不同。最后，由于模型检验统计量的*p*值(0.02)小于0.05，我们可以说在5%显著水平下，性别和年龄两个因素对平均职业声誉有影响。在上面，我们将age变量视为连续变量并进行了方差分析，当想要将age变量视为类别变量时，下面是命令和执行结果：

<结果 2> 将age变量看作类别变量

```
. anova prestg80 sex age, partial

                  Number of obs =     2634     R-squared     =  0.0490
                  Root MSE      =  13.7528     Adj R-squared =  0.0223

     Source |  Partial SS    df       MS           F     Prob > F
 -----------+----------------------------------------------------
      Model |  24950.9434    72   346.54088       1.83     0.0000
            |
        sex |  172.434068     1  172.434068       0.91     0.3398
        age |  24774.4922    71   348.93651       1.84     0.0000
            |
   Residual |   484384.18  2561  189.138688
 -----------+----------------------------------------------------
      Total |  509335.124  2633  193.442888
```

如上面的结果所示，将age变数作为类别型处理，自由度(df)从1变成了71。由于age变量有72种不同的值，所以每个年龄都作为一种类别，进行方差分析。结果1与结果2相比较，总体检验结果无太大差异。结果2在残差SS(非影响因素变量所解释的变化)中有较低水平。一般把连续型性质的变数认识为类别型，可以进一步说明结果变数的变动，但这也会增加自由度的损失。

为了考虑前面例子中类别变量(sex)和连续变量(age)的相互作用，可以这样写命令语句*。

```
. anova prestg80 sex c.age sex#c.age, partial

                           Number of obs =     2634     R-squared     =  0.0035
                           Root MSE      =  13.8919     Adj R-squared =  0.0024

                  Source |  Partial SS    df       MS           F     Prob > F
              -----------+----------------------------------------------------
                   Model |  1783.50814     3  594.502712      3.08     0.0264
                         |
                     sex |  477.082984     1  477.082984      2.47     0.1160
                     age |   1421.7775     1   1421.7775      7.37     0.0067
                 sex*age |  346.956227     1  346.956227      1.80     0.1801
                         |
                Residual |  507551.616  2630  192.985405
              -----------+----------------------------------------------------
                   Total |  509335.124  2633  193.442888
```

在anova命令之后，输入额外的交互变量:sex#c,age。结果表明，交互效应的*p*值(0.18)大于0.05。因此可以说，造成平均职业声誉差异的两个因素变量不存在相互作用。用回归分析的术语来说，这意味着age变量的估计量不因性别而变化(参考第九章)。

---

* 使用下面的命令也可以得到相同的结果.

```
. anova prestg80 sex##c.age, partial
```

3.4 关于方差分析的事后分析

1) test 命令语

使用anova命令可以进行方差分析，然后使用test命令可以执行各种测试。让我们使用示例数据文件 ⊡R_data3_3.dta来进行分析。在示例数据中，我们想要了解的是“prestg80变量”是否与“性别(sex变量)”和“16岁之后是否搬住处(mobile16变量)”存在差异。在使用test命令之前，必须先执行anova。结果如下:

```
. anova prestg80 sex mobile16 sex#mobile16

                         Number of obs =     2643     R-squared     =  0.0246
                         Root MSE      = 13.7547     Adj R-squared =  0.0227

                  Source |  Partial SS    df       MS           F     Prob > F
            -------------+----------------------------------------------------
                   Model |  12566.5065     5  2513.30129      13.28     0.0000
                         |
                     sex |  136.991296     1  136.991296       0.72     0.3949
                mobile16 |  12354.7199     2  6177.35996      32.65     0.0000
            sex*mobile16 |  252.767141     2  126.383571       0.67     0.5128
                         |
                Residual |  498902.272  2637  189.193126
            -------------+----------------------------------------------------
                   Total |  511468.779  2642  193.591513
```

可以使用 Statistics > Linear models and related > ANOVA/MANOVA > Test linear hypotheses after anova 进行选择好，得到下面的对话窗如下：

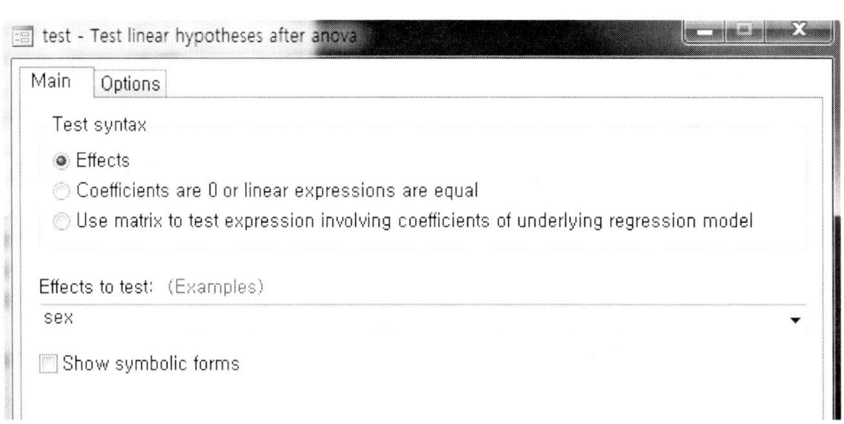

在前面的对话窗口中使用Test syntax选择Test effects，然后选择sex变量作为目标对象变量。

```
. test sex

              Source |  Partial SS    df       MS           F     Prob > F
          -----------+----------------------------------------------------
                 sex |  136.991296     1  136.991296       0.72     0.3949
            Residual |  498902.272  2637  189.193126
```

上面的结果与anova命令执行结果中sex变量的结果一致。也就是说，在test命令后面输入因素名称，可以单独检验给定变量对因变量的影响的有效性。在test命令之后可以同时输入两个变量。

```
. test sex mobile16

              Source |  Partial SS    df       MS           F     Prob > F
        -------------+----------------------------------------------------
        sex mobile16 |  8290.72906     3  2763.57635      14.61     0.0000
            Residual |  498902.272  2637  189.193126
```

以上结果同时检验sex变量与mobile16变量的有效性。由于F检验统计量的p值(0.00)小于0.01，故在1%显著水平上拒绝原假设(双因素变量不影响因变量的变化)。如果我们在test命令之后指定所有这三个因素变量，将与anova命令执行结果对模型的分析结果对应。

```
. test sex mobile16 sex#mobile16

              Source |  Partial SS    df       MS           F     Prob > F
  -------------------+----------------------------------------------------
   sex mobile16 sex# |
            mobile16 |  12566.5065     5  2513.30129      13.28     0.0000
            Residual |  498902.272  2637  189.193126
```

在执行anova语句之后，输入regress作为事后分析语句命令语，可以得到一个回归模型的估计结果。因为回归从第8章进行详细讲解，所以在这里我们只看命令语和

分析结果，具体如下:

```
. qui anova prestg80 sex mobile16 sex#mobile16, partial

. regress

      Source |       SS       df       MS              Number of obs =    2643
-------------+------------------------------           F(  5,  2637) =   13.28
       Model |  12566.5065     5  2513.30129           Prob > F      =  0.0000
    Residual |  498902.272  2637  189.193126           R-squared     =  0.0246
-------------+------------------------------           Adj R-squared =  0.0227
       Total |  511468.779  2642  193.591513           Root MSE      =  13.755

------------------------------------------------------------------------------
    prestg80 |      Coef.   Std. Err.      t    P>|t|     [95% Conf. Interval]
-------------+----------------------------------------------------------------
       2.sex |    .996555   .8339469     1.19   0.232    -.6387015    2.631812
             |
    mobile16 |
          2  |   2.885312   1.004599     2.87   0.004     .9154301    4.855194
          3  |   5.717563   .9265153     6.17   0.000     3.900792    7.534334
             |
sex#mobile16 |
        2 2  |  -.2034247   1.356811    -0.15   0.881    -2.863947    2.457098
        2 3  |  -1.385119   1.251297    -1.11   0.268    -3.838743    1.068505
             |
       _cons |   40.97183   .6169848    66.41   0.000     39.76201    42.18165
------------------------------------------------------------------------------
```

从上面的结果中可以看出共有6个影响系数(Coef.)。在第9章中，我们会再次看到，当回归将类别变量作为虚拟变量包含时，为了避免说明变量之间的完全线性关系(perfect linear relationship)而将每个类别排除(dropped)的结果。sex变量的系数是1，而不是2，mobile16的参数也只有两个，而不是三个。同样地，交互变量的估计系数数由6(2×3)减为2(1×2)。但系数没有被估计，并不意味着系数之间的关系就不能被估计出来。

这是因为anova指令在Stata内部存储了所有的12个估计系数。在test命令中使用showorder选项，可以得到12个估计系数的编号，如下所示:

```
. test, showorder

 Order of columns in the design matrix
        1: (sex==1)
        2: (sex==2)
        3: (mobile16==1)
        4: (mobile16==2)
        5: (mobile16==3)
        6: (sex==1)*(mobile16==1)
        7: (sex==1)*(mobile16==2)
        8: (sex==1)*(mobile16==3)
        9: (sex==2)*(mobile16==1)
       10: (sex==2)*(mobile16==2)
       11: (sex==2)*(mobile16==3)
       12: _cons
```

举例来说，我想知道男性和女性的估计系数是否相等。检验假说如下:

$$H_0 : \beta_{sex1} = \beta_{sex2}$$
$$H_1 : \beta_{sex1} \neq \beta_{sex2}$$

此检验有两种方法:一是定义系数之间的关系为矩阵(matrix)，二是定义表达式(expression)。在此之前，需要先定义一个系数矩阵。

```
. matrix c=(1,-1,0,0,0,0,0,0,0,0,0,0)
```

因为在本题中总共有12个系数，所以定义的矩阵必须有12个值。因为系数矩阵中的1和2是这里要检验的系数，需要在矩阵c的1和2的位置上分别输入1和-1，其余的都输入0。

然后，在前面的测试对话窗口中选择第三个选项，使用矩阵到测试表达式(Use matrix to test expression involving coefficients of underlying regression model)，并选择矩阵到测试的系数矩阵名称c。以上命令语和执行结果如下:

```
. test, test(c)
 ( 1)  1b.sex - 2.sex = 0

       F(  1,  2637) =    1.43
            Prob > F =    0.2322
```

这个语句可以在test命令之后选择test()，并在括号中输入预定义的矩阵名称。由于检验结果p值(0.2322)大于0.05，两个变量的估计系数相等的原假设不可能在5%显著水平上被驳回。即在"prestg80变量"上，男女没有平均的差异。

同时，要使用表达式进行测试，不需要定义矩阵，在测试对话窗口中选择第二个选项: Coefficients are 0 或 linear expressions are equal，然后选择Specification의 Create > Test type > Linear expressions are equal。最后，对这些系数进行试验，选择sex1和sex2。该命令语及执行结果如下:

```
. test (_b[1.sex] = _b[2.sex])
 ( 1)  1b.sex - 2.sex = 0
       F(  1,  2637) =    1.43
            Prob > F =    0.2322
```

可见上面的结果与利用前一系数矩阵的执行结果是一样的。

2) margins和 marginsplot 命令语

在执行anova命令之后，使用margins命令可以得到不同组的因变量的估计平均数。它也可以用marginsplot命令来表示每组的平均值。让我们用示例数据文件⊙R_data3_3.dta来实现，举例数据中，我们关心的是职业声誉水平(prestg80变量)是否与性别(sex变量)、16岁之后是否居住地(mobile16变量)、年龄(age变量)存在差异。我们决定将age变量作为连续变量进行分析。在使用adjust命令之前，必须先执行anova。

```
. anova prestg80 i.sex i.mobile16 c.age, partial
```

注意对 分类变 量sex和mobile16使用操作符i。age则 包含操作符c。当age变量值为平均值时，要按6个组(性别2个组、是否迁移居住地3个组)计算prestg80预测值的平均值，执行下面的命令，具体如下:

```
. margins mobile16 , atmeans over(sex) noatlegend

Adjusted predictions                              Number of obs     =       2634

Expression   : Linear prediction, predict()
over         : sex

------------------------------------------------------------------------------
             |            Delta-method
             |     Margin   Std. Err.      z    P>|z|     [95% Conf. Interval]
-------------+----------------------------------------------------------------
sex#mobile16 |
         1 1 |   41.30492   .5095447    81.06   0.000     40.30623    42.30361
         1 2 |   44.02269   .6085301    72.34   0.000        42.83    45.21539
         1 3 |   46.14703   .5520779    83.59   0.000     45.06497    47.22908
         2 1 |   41.82035   .4820933    86.75   0.000     40.87547    42.76524
         2 2 |   44.53812   .5848976    76.15   0.000     43.39175     45.6845
         2 3 |   46.66246   .5262198    88.67   0.000     45.63109    47.69383
------------------------------------------------------------------------------
```

根据以上的结果，通过添加atmeans选项将age变量固定在平均值46.63，并对6组进行了平均估计。男女之间的平均职业声誉水平几乎没有差异，但可以看出随着居住地的迁移与否呈现差异。如果您不想将年龄固定在总体平均值中，而是指定一个您想要的特定年龄并估计6组的平均，您可以使用at( )选项而不是atmeans选项。此命令和执行结果如下:

```
. margins mobile16 , at(age=40) over(sex)

Predictive margins                                Number of obs     =       2634

Expression   : Linear prediction, predict()
over         : sex
at           : 1.sex
                   age             =          40
               2.sex
                   age             =          40

------------------------------------------------------------------------------
             |            Delta-method
             |     Margin   Std. Err.      z    P>|z|     [95% Conf. Interval]
-------------+----------------------------------------------------------------
sex#mobile16 |
         1 1 |   41.13084   .5137831    80.05   0.000     40.12384    42.13783
         1 2 |   43.84861   .6146721    71.34   0.000     42.64387    45.05334
         1 3 |   45.97294   .5659806    81.23   0.000     44.86364    47.08225
         2 1 |   41.62766   .4881121    85.28   0.000     40.67097    42.58434
         2 2 |   44.34543   .5928406    74.80   0.000     43.18348    45.50737
         2 3 |   46.46976   .5432788    85.54   0.000     45.40496    47.53457
------------------------------------------------------------------------------
```

下面让我们来了解一下以曲线图的方式画出上述各组平均值的方法。需要连续使用margins和marginsplot命令。

```
. qui anova prestg80 i.sex i.mobile16 c.age, partial

. qui margins mobile16 , atmeans over(sex) noatlegend

. marginsplot, noci plot2opts(msymbol(lgx))
  Variables that uniquely identify margins: mobile16 sex
```

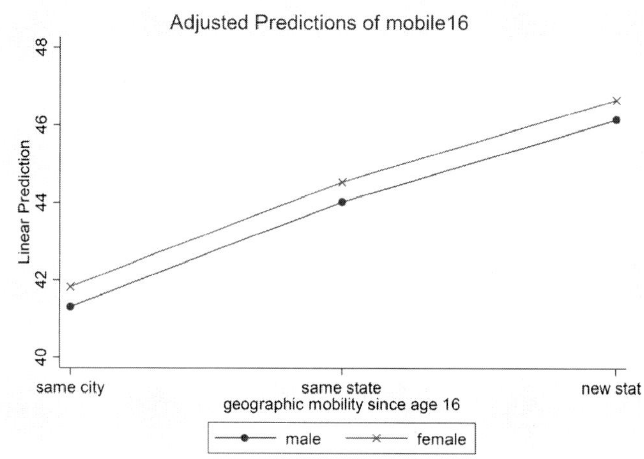

marginsplot命令必须写在margins命令之后。也就是说margins语句求出的组平均值，必须由marginsplot语句画出图表[*]。noci选项意味着不显示估计的因变量平均值的95%置信区间。根据上图分析，女子组合的平均职业评价水平(prestg80)虽然比男子组合高，但是其差异并不大。相反，最重要的变量是mobile16，该值越大(从1到3，即居住在同一城市的情况越好)，说明平均职业评价水平也越高。另外，因为在mobile16的所有值中，女性的平均数都比男性高，所以可以推测sex变数和mobile16变数之间的相互作用也不会很大。

* plot2opts(msymbol(lgx))是将sex=2(即女性)的图与x连接的选项。

3.5 Stata do file

```
use R_data3_1, clear
stack stemcell_1-female_4, group(4) clear
rename (stemcell_1 female_1 _stack) (stemcell female party)
drop if stemcell==.
oneway stemcell party
oneway stemcell party, bonferroni tabulate

loneway mpg manufacturer_grp
di (3.542^2/(3.542^2+4.639^2))
anova stemcell party female, partial
scalar f_party=(92.61/3)/(103.80/41)
scalar f_female=(0.359/1)/(103.80/41)
scalar f_model=((92.61+0.359)/4)/(103.80/41)
scalar list
anova stemcell party female party#female, partial
table female party, contents(mean stemcell) f(%9.2f)

use R_data3_3, clear
anova prestg80 sex c.age, partial
anova prestg80 sex age, partial
anova prestg80 sex c.age sex#c.age, partial

anova prestg80 sex mobile16 sex#mobile16
test sex
test sex mobile16
test sex mobile16 sex#mobile16

qui anova prestg80 sex mobile16 sex#mobile16, partial
regress
test, showorder
matrix c=(1,-1,0,0,0,0,0,0,0,0,0,0)
test, test(c)
test (_b[1.sex] = _b[2.sex])

anova prestg80 i.sex i.mobile16 c.age, partial
margins mobile16 , atmeans over(sex) noatlegend
```

```
margins mobile16 , at(age=40) over(sex)

qui anova prestg80 i.sex i.mobile16 c.age, partial
qui margins mobile16 , atmeans over(sex) noatlegend
marginsplot, noci plot2opts(msymbol(lgx))
```

CHAPTER 04 相关分析

4.1 散点图

散点图常常有助于粗略地了解两个变量之间的关系[*]。分散度通常表示一对变量，但在某些情况下也可以表示在一个图上的两对变量。示例数据文件 R_data4_1.dta 记录了200名学生各科目的成绩(read, write, math等)。让我们用一个图来表示数据中的read和write变量的散点图，以及read和math变量的散点图。Stata命令和执行结果如下：

```
. use R_data4_1, clear
. twoway (scatter write read) (scatter math read, msymbol(square_hollow))
```

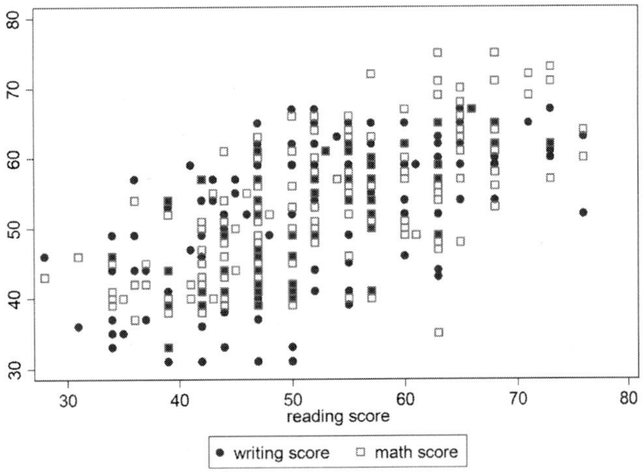

上图中，圆圈标记表示read和write变量的散点图，方格标记表示read和math变量的散点图。它们似乎都是正相关的(positive correlation)。

* Stata命令的详细信息参见闵仁植 · 崔弼善(2019a)的第8.5节。

Tip 4.1 ● 向日葵 散点图

如果观测值过多(大约为300个以上)，则很难通过散点图来判断相关关系。在这种情况下，使用向日葵分布图(sunflower plot)会有所帮助。首先执行db sunflower命令，弹出下面的对话窗:

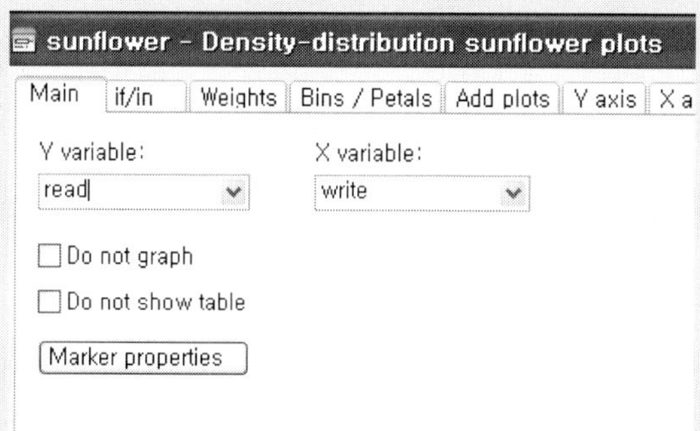

变量Y被指定为read，X被指定为write。在Bin/Petals选项卡中输入Minimum # of observations for light bins，输入Minimum # of observations for dark bins。该命令和执行结果如下:

```
. sunflower read write, dark(6)
```

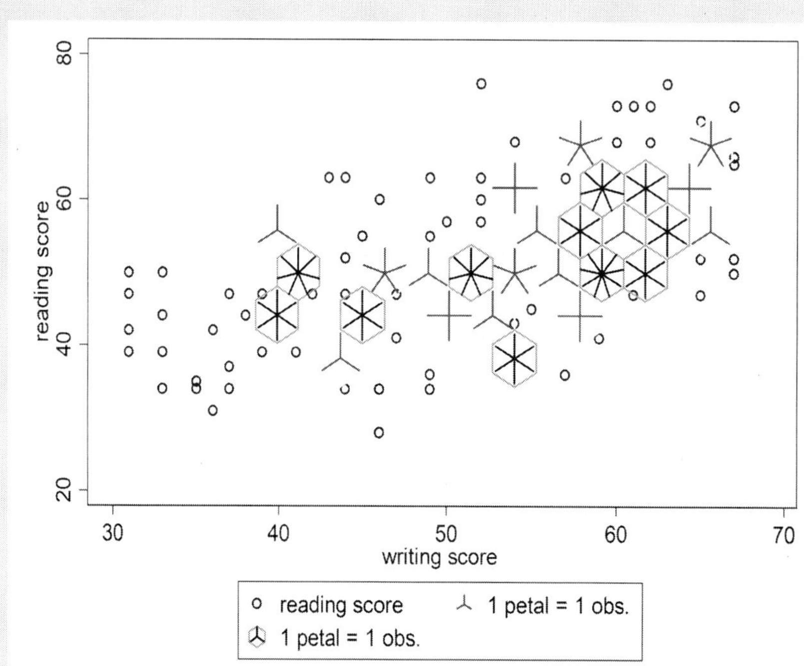

一般散点图将所有观测结果用相同的形状(点或圈)表示。与此相反，如果观测值集中在一起，向日葵散布图就不会使用点或圆圈，而是像前面图片中所看到的八角形的bin标记。浅 色八角形称为light bin，深色八角形称为dark bin。每条来自bin中心的线代表一个观测值。可见，dark bin所显示的观测值多于light bin。可以在对话窗中选择每个bin至少代表多少观察值。前面我们指定light bin包含3~5个观测值，dark bin包含6个以上观测值。此命令中包含的dark(6)选项指定了dark bin的最小观察数为6。如果观测值非常大，最好将dark( )选项括号内的数字增大一些。因为所有的观测结果都显示为相同的形状，大量的观测结果可能会重叠在一起，从而使关联难以确定。通过将所有的观察值表示为一个bin，向日葵散点图可以在视觉上更有利于确定两个变量之间的关系。

4.2 相关系数

相关系数(correlation coefficient)是测量两个变量在数据分析中的相关关系的一种常用方法。需要注意的是，相关系数并不是两个变量之间的一般关系，而是线性关系。相关系数包括总体相关系数和样本相关系数。当两个变量是X，Y时，相关系数的计算公式如下:

$$\text{体相关系数}\ :\ \rho=\frac{1}{N}\sum_{i=1}^{N}\left(\frac{X_i-\mu_X}{\sigma_X}\right)\left(\frac{Y_i-\mu_Y}{\sigma_Y}\right)$$

$$\text{标本相关系数}:\ r=\frac{1}{n-1}\sum_{i=1}^{n}\left(\frac{X_i-\overline{X}}{S_X}\right)\left(\frac{Y_i-\overline{Y}}{S_Y}\right)$$

其中，N是总体的大小，μ为总平均，σ为总标准偏差；n样本大小，$\overline{X}$和$\overline{Y}$为样本平均，S为样本标准偏差。应该注意的是样本相关系数计算中不是n，而是$(n-1)$。相关系数的值在-1和1之间，越接近-1，越显负相关，越接近1，越显正相关。

在Stata中，有几个计算相关系数的指令，都是计算样本相关系数。可以首先使用

pwcorr命令，如下所示：

```
. pwcorr read write

             |     read    write
-------------+------------------
        read |   1.0000
       write |   0.5968   1.0000

. pwcorr  read write math science

             |     read    write     math  science
-------------+------------------------------------
        read |   1.0000
       write |   0.5968   1.0000
        math |   0.6600   0.6141   1.0000
     science |   0.6311   0.5713   0.6336   1.0000
```

pwcorr是"pairwise correlation"的意思。在pwcorr后面指定两个变量，计算两个变量的标本相关系数。在上面的例子中，read和write的样本相关系数被计算为0.59。其结果与前面所见的结果相符。之所以右下角对角线的相关系数都是1，是因为在同一变量之间计算了相关系数。如果在pwcorr命令后面列出了两个以上的变量，则两个变量成对，计算出相关系数。由上面的结果可知，"read"与"write"变量的相关系数为0.59，"read"与"math"为0.66，"read"与"science"为0.63，两者都具有正相关关系。综上可知，擅长某一门科目的学生具有擅长其他科目的倾向。

在Stata中，计算两个变数之间相关系数的另一个命令语是corr。Stata命令和执行结果如下：

```
. corr read write
(obs=200)

             |     read    write
-------------+------------------
        read |   1.0000
       write |   0.5968   1.0000

. corr  read write math science
(obs=197)
```

```
             |     read    write     math  science
-------------+------------------------------------
        read |   1.0000
       write |   0.6015   1.0000
        math |   0.6567   0.6187   1.0000
     science |   0.6323   0.5730   0.6336   1.0000
```

corr指令的用法与pwcorr相同。结果表明，read变量与write变量的相关系数为0.59，与前面pwcorr的结果一致。但是4个变数的相关系数结果与使用pwcorr的情况下给出的值略有不同。例如，在pwcorr中，read和write变量的相关系数为0.59，而在corr中则为0.60。另外，当pwcorr有2个或4个变量时，同一对(例如read和write变量)的相关系数是相同的，但在corr的情况下却有差异。这两个命令之间存在差异，是因为corr运算中使用的观测与pwcorr运算中使用的数值不相同。即：在求阅读理解、作文、数学、科学4个科目成绩的相关系数时，假设第一个学生有其他3个科目的成绩，而科学成绩是缺测值。以corr为例，将第一个学生的所有成绩都排除在相关系数计算之外。而pwcorr只将科学成绩排除在外，其他3个科目的成绩则原封不动地采用了灵活运用的方式。前者称为个案删除(casewise deletion)，后者称为分组删除(pairwise deletion)。因此，需要注意的是对于存在缺测值的数据集，pwcorr和corr的运算结果可能不一样。

Tip 4.2 ● 相关系数和 return list

要将用pwcorr或corr计算出来的相关系数存储到scaller或本地宏中，您必须用return list来表示。我们先执行pwcorr命令，然后看看return list的内容。

```
. qui pwcorr  read write math science
. return list
scalars:
                  r(N) =  198
                r(rho) =  1
matrices:
                  r(C) :  2 x 2
```

计算出的相关系数存储在r(C)的矩阵中。可以确认如下。.

```
. mat list r(C)
symmetric r(C)[2,2]
         science  science
science        1
science        1        1
```

然而，由于四个变量的相关系数，必须有一个4×4矩阵，但正如上面所见，return list中只保存了2×2矩阵。再加上总共6对相关系数中，只存储了science和science的相关系数，即1的值，完全没有用处。因为pwcorr是两个变量成对，按顺序计算相关系数，只有最后计算出来的science和science的相关系数保存在return list中，再来看看corr的return list。

```
. qui corr  read write math science
. return list
scalars:
                  r(N) =  197
                r(rho) =  .6014721237230865
matrices:
                  r(C) :  4 x 4
. mat list r(C)
symmetric r(C)[4,4]
             read      write       math    science
   read         1
  write  .60147212          1
   math  .65671165  .61871783          1
science  .63232997  .57298745  .63364731          1
```

由corr的return list可知，和pwcorr不同的是，我们想要的4×4矩阵已经被保存。6个相关系数存储在r(C)矩阵中。如果要把read和science的相关系数存储在scaler中，那么可以这样命令语:

```
. mat def r_mat=r(C)
. scalar read_sci=r_mat[1,4]
```

```
. scalar list
  read_sci =  .63232997
```

这次我们来了解一下假设检验。在Stata中，计算出的样本相关系数可以用简单指令检验母相关系数是否与0有显著差异。原假设和研究假设如下：

$$H_0 : \rho = 0$$
$$H_1 : \rho \neq 0$$

这里是ρ总样本相关系数。检验统计量公式为:

$$T = r\sqrt{\frac{n-2}{1-r^2}} \sim t(n-2)$$

这里的r是标本相关系数，n是计算相关系数时使用的观测值的个数。以上检验统计量服从自由度为$(n-2)$的t分布。在Stata中，只有在pwcorr命令中才有有效性检验选项。使用sig选项如下。

```
. pwcorr  read write math science, sig

             |     read    write     math  science
-------------+------------------------------------
        read |   1.0000 
             |
             |
       write |   0.5968   1.0000 
             |   0.0000
             |
        math |   0.6600   0.6141   1.0000 
             |   0.0000   0.0000
             |
     science |   0.6311   0.5713   0.6336   1.0000 
             |   0.0000   0.0000   0.0000
```

每个单元同时给出了样本相关系数和检验统计量的p值。由于6个相关系数中p值均小于0.01，因此在1%显著水平上驳回原假说。即可以有意识地判断为与0不同的相关系数。p值为正方检验p值。

正如前面提到的，只有pwcorr有相关系数的有效选项，而corr没有有效检验选项。如果您想要在corr中也进行显著性测试，可以按照下面的pwcorr指令进行。

```
. pwcorr  read write math science , sig listwise

             |     read    write     math  science
-------------+------------------------------------
        read |   1.0000
             |
             |
       write |   0.6015   1.0000
             |   0.0000
             |
        math |   0.6567   0.6187   1.0000
             |   0.0000   0.0000
             |
     science |   0.6323   0.5730   0.6336   1.0000
             |   0.0000   0.0000   0.0000
```

由前述可知，只使用listwise选项read，write，math，science四个变量，并根据所有的个体计算相关系数，这与corr命令的概念相同。利用corr命令的相关系数和前面看到的结果相比较，可以发现彼此的数值相同。在这种情况下，实际上与corr是相同的，但是因为该命令使用的是pwcorr，所以可以使用sig选项。因此，在前面的结果中，p值是corr相关系数的验证性。

另一方面，可以使用“by”来计算相关系数。对同一数据按男女各小组计算相关系数得出的结果如下：

```
. by female, sort: corr  read write math science

-------------------------------------------------------------------------------->
female = male
(obs=91)

             |     read    write     math  science
-------------+------------------------------------
        read |   1.0000
       write |   0.6485   1.0000
```

```
        math |   0.6085   0.6268   1.0000
     science |   0.6657   0.6178   0.6118   1.0000
------------------------------------------------------------------------------->

female = female
(obs=106)

             |     read    write     math  science
-------------+------------------------------------
        read |   1.0000
       write |   0.6252   1.0000
        math |   0.7020   0.6759   1.0000
     science |   0.5983   0.6444   0.6623   1.0000
```

至于“read”和“write”的相关系数，男性组使用91项观测计算出的结果为0.648。女性组 使用106项观测 得出0.625。想要测试两组的母婴关系在统计上是否相同，原假说与研究假说:

$$H_0: \rho_1 = \rho_2$$
$$H_1: \rho_1 \neq \rho_2$$

这里的“ρ_1和ρ_2”分别是男子组和女子组的“read”和“write变数”。检验统计量如下:

$$Z = \frac{\ln\left(\frac{1+r_1}{1-r_1}\right) - \ln\left(\frac{1+r_2}{1-r_2}\right)}{2\sqrt{\frac{1}{n_1-3} + \frac{1}{n_2-3}}} \sim z(0,1)$$

r_1和r_2是分别用于计算相关系数的男性组和女性组的样本相关系数，n_1和n_2是用于计算相关系数的男性组和女性组的样本大小。其中，n_1和n_2没有必要相同。使用以上检验统计量必须满足两个组(男性和女性)彼此独立的假设。

要在Stata中执行上述测试，首先需要从因特网下载并安装cortesti命令。使用findit命令来查找这个程序，并安装ado文件，如下所示:

```
. findit cortesti
```

安装完成后，会用下面的命令语进行测试。

```
. cortesti 0.648 91 0.625 106

Test of equality of two correlation coefficients
drawn from the two different samples
------------------------------------------------


Coefficient 1 = 0.648 (n1 =      91)
Coefficient 2 = 0.625 (n2 =     106)

Ho: coefficient 1 = coefficient 2
          z =    0.266
Prob > |z| =    0.7899
```

前述中，在cortesti命令语之后输入第一组(男性)的相关系数和样本大小，然后是第二组(女性)的相关系数和样本大小。由于双检验p值(0.78)大于0.05，在5%显著水平上接受原假设。也就是说，男生组和女生组之间"read"和"write"变数的相关系数没有差异。

4.3 偏相关分析

当研 究某一个变量对另一个变 量的影响或相关程度时，把其他变 量的影响视作常数并保持不变，即不考虑其他变量影响，仅研究两个变量之间的相互关系的密切程度，所得数值结 果为偏相关系数(partial correlation coefficient)。因此，对于偏相关系数的解释类似于第8章的回归分析。用于执行示例的系统数据文件auto。导入dta文件如下:

```
. sysuse auto, clear
(1978 Automobile Data)
```

我们想了解的是汽车里程数(mpg)与影响它的多个因素，即价格(price)、重量(weight)、进口车(foreign)因素之间的偏相关系数。首先，在求偏相关系数之前，利用上节描述的corr先求出相关系数。

```
. corr mpg price weight foreign
(obs=74)
```

```
             |      mpg    price   weight  foreign
-------------+------------------------------------
         mpg |   1.0000
       price |  -0.4686   1.0000
      weight |  -0.8072   0.5386   1.0000
     foreign |   0.3934   0.0487  -0.5928   1.0000
```

从上述结果中可以看出，燃料消费率和价格呈负相关关系(相关系数-0.46)。也就是说，越是价格昂贵的高级车，越具有燃费低的倾向。油耗和重量也呈现强负相关(相关系数-0.80)，重量越重的车，单位燃料行驶距离越短。最后，燃比和进 口车 的关 系呈现 出进 口车 的价格越高，燃比越好的相关关 系(相关 系数为0.39)。但是燃料消费率有价格、重量等多种因素的综合作用。我们在这里所关心的，例如，在测定燃料消费率和价格的相互关系时，要消除除价格以外的各种因素(如重量，进口车等)对燃料消费率所产生的影响。这时就利用了偏相关系数。在Stata中使用pcorr指令计算偏相关系数。结果如下:

```
. pcorr mpg price weight foreign
(obs=74)

Partial correlation of mpg with

    Variable |    Corr.     Sig.
-------------+------------------
       price |   0.0352    0.769
      weight |  -0.6669    0.000
     foreign |  -0.1696    0.154
```

前述中，pcorr后面有四个变量，第一个变量(mpg)作轴，以此为中心计算其余三个变量的偏相关数。在第八章的回归术语中，第一个指定的变量是因变量，其余的是解释变量。首先，燃料消费率与价格的偏相关系数为0.03，不仅前面看到的相关系数(-0.46)和符号不一样，而且相关系数大大弱化。事实上，几乎没有相关关系。在上面的表中，偏相关系数(Corr.)旁边显示的Sig值是偏相关系数为0的零假设的p值。因为p值(0.76)大于0.05，所以在5%显著水平上接受零假设。因此，燃费与价格之间的偏相关系数为0。油耗与质量的偏相关系数(-0.66)与相关系数(-0.80)的符号和大小相当。此外，由于p值(0.00)小于0.05，在5%显著水平上可以否定偏相关系数为0的假设。如果将foreign变量和price变量固定在一定的价格上，那么随着汽车的重量的增加，燃料消耗和重量之间是明显的负相关系数。最后，燃费和进口车的相关关系（-0.16）随着相关系数（0.39）和符号的变化逐渐变弱。如上所述，很多情况下偏相关系数和偏相关系数相差很大，因为计算偏相关系数时排除了两个变数以外的其他变数带来的波及效果。

现在我们来看看如何求偏相关系数。虽然有很多方法求偏相关系数，但在这里我们介绍了使用回归分析结果的方法。如在第8章中所述，回归指令是regress(缩写reg)。以mpg为因变量，price，weight，foreign变数为说明变量的回归分析命令和执行结果如下:

```
. reg mpg price weight foreign

      Source |       SS       df       MS              Number of obs =      74
-------------+------------------------------           F(  3,    70) =   45.93
       Model |  1620.30716     3  540.102388           Prob > F      =  0.0000
    Residual |  823.152295    70  11.7593185           R-squared     =  0.6631
-------------+------------------------------           Adj R-squared =  0.6487
       Total |  2443.45946    73  33.4720474           Root MSE      =  3.4292

------------------------------------------------------------------------------
         mpg |      Coef.   Std. Err.      t    P>|t|     [95% Conf. Interval]
-------------+----------------------------------------------------------------
       price |   .0000566   .0001922     0.29   0.769    -.0003268      .00044
      weight |  -.0067758   .0009048    -7.49   0.000    -.0085805   -.0049712
     foreign |  -1.855891   1.289063    -1.44   0.154    -4.426846    .7150641
       _cons |   41.95948   2.377726    17.65   0.000     37.21725     46.7017
------------------------------------------------------------------------------
```

利用上面的结果来求出例如mpg和price的偏相关系数。公式是:

$$pcorr_{price} = \frac{t_{price}}{\sqrt{t_{price}^2 + n - k}}$$

t_{price}是price变量的t值(0.29)，n是用于估计的样本大小(74)，k是包含常量项的说

明变量个数(4)。利用上述公式直接计算mpg和price变量的偏相关系数，其结果如下:

```
. scalar pcor=0.2944/sqrt(0.2944^2+74-4)
. scalar list
      pcor =  .03516577
```

从pcorr的结 果可知，各变量的sig值(例如，price变数的sig值是0.76)与前面的回归分析结果p值(即P>|t|)和完全一致。另一方面，偏相关系数命令语pcorr与corr一样，在计算过程中使用案例删除(listwise deletion)的方式。

4.4 斯皮尔曼等级相关分析

对于变数区间型数据，斯皮尔曼的轶相关系数是一种更为适宜的测量相关的方法。这是一种对每个变量的数据值进行排序，然后根据排序计算相关系数的方法。一个示例数据文件⊡R_data4_2.dta记录了5个人的年龄和开放度和求解斯皮尔曼的秩相关系数。命令语和执行结果如下:

```
. use R_data4_2,clear

. pwcorr age liberal, sig

             |      age  liberal
-------------+------------------
         age |   1.0000
             |
             |
     liberal |  -0.9650   1.0000
             |   0.0078

. spearman age liberal

 Number of obs =       5
Spearman's rho =      -0.8208

Test of Ho: age and liberal are independent
    Prob > |t| =       0.0886
```

如上图所示，spearman相关系数指令是spearman。在命令语之后输入两个变量。

pwcorr指令得到的一般相关系数为-0.96,p值(0.00)也小于0.05，而spearman指令得到的spearman相关系数为-0.82，相关性较低。另外，p值(0.08)也比0.05大，在5%显著水平下接受两个变量相互独立(这意味着相关系数为0)的原假设。

在这个例子中，我们直接计算一下spearman相关系数。首先，egen命令允许将每个变量转换为序列值。

```
. egen rank_age = rank(age)
. egen rank_lib = rank(liberal)
```

命令egen是gen中的一个可扩展命令，用来创建一个新变量。如果不在上面的命令中给rank函数一个特殊选项，它就会按照升序排列，如下面的图所示。即，最小的值秩为1，值越大，秩越大。liberal变数中还有两个90，这意味着一个平均的排名(第4.5位)。

	age	liberal	rank_age	rank_lib
1	18	90	1	4.5
2	29	90	3	4.5
3	35	80	4	2
4	61	50	5	1
5	20	89	2	3

通过使用pwcorr指令计算新生成的rank_age和rank_lib的两个秩变量，可以得到spare曼相关系数。结果如下:

```
. pwcorr   rank_age rank_lib, sig

             | rank_age rank_lib
-------------+------------------
    rank_age |   1.0000
             |
             |
    rank_lib |  -0.8208   1.0000
             |   0.0886
             |
```

上面的相关系数(-0.82)恰好与spearman指令得到的结果一致。p值(0.08)也是相似的。最后，我们知道spearman命令可以将区间数据转换为有序数据，从而得到相关系数。

4.5 Kendall's tau correlation 相关分析

Kendall's tau correlation 也和斯皮曼相关系数一样，是一种测量顺序相关性的方法。但是和斯皮尔曼的相关系数不同，肯达尔的相关系数可以测定顺序的一致性(concordance)。示例数据文件R_data4_3.dta记录了10个人的智商(IQ变数)和看电视时间(tv_hours变数)。为了计算肯德尔的相关系数，使用下面的ktau命令语:

```
. use R_data4_3,clear

. ktau  iq tv_hours

  Number of obs =       10
Kendall's tau-a =      -0.1111
Kendall's tau-b =      -0.1111
Kendall's score =      -5
    SE of score =      11.180

Test of Ho: iq and tv_hours are independent
     Prob > |z| =       0.7205  (continuity corrected)
```

在ktau命令后面有两个变量。Kendall's tau的相关系数有tau-a和tau-b，前面的结果显示它们都为-0.11，是弱负相关。

让我们来看看Kendall's tau相关系数是如何计算的。例如，在给定区间数据的情况下，为了求Kendall's tau相关系数，首先需要将这些数据转换为序列变量。命令和结果如下:

```
. egen rank_iq = rank(iq)
. egen rank_tv = rank( tv_hours)
```

	iq	tv_hours	rank_iq	rank_tv
1	86	0	1	1
2	97	20	2	6
3	99	28	3	8
4	100	27	4	7
5	101	50	5	10
6	103	29	6	9
7	106	7	7	3
8	110	17	8	5
9	112	6	9	2
10	113	12	10	4

在此情况下，Kendall's tau相关系数的定义如下:

$$\text{Kendall's tau-a} = \frac{S}{D} = \frac{\sum_{i<j} sign(x_j - x_i) \cdot sign(y_j - y_i)}{\frac{1}{2}n(n-1)}$$

其中，x和y为转成的序列变量(如rank_iq和rank_tv)，$sign(\ )$是括号中的数字大于0时的值为1，小于0时的值为-1的函数。

例如，在本例中，$j=2$，$i=1$是 $x_2 - x_1 = 2-1 = 1$的情况，因为$y_2 - y_1 = 6-1 = 5$的值$sign(x_2 - x_1) \cdot sign(y_2 - y_1)$的值是1。另一个例子是，$j=4$，$i=3$如果是$x_4 - x_3 = 4-3 = 1$，$y_4 - y_3 = 7-8 = -1$则是 $sign(x_4 - x_3) \cdot sign(y_4 - y_3)$等于 -1，因为是$y_4 - y_3 = 7-8 = -1$，$sign(x_4 - x_3) \cdot sign(y_4 - y_3)$则是-1。结果$(x_i, x_j)$之间的序列和$(y_i, y_j)$之间的序列方向相同的话，$sign(x_j - x_i) \cdot sign(y_j - y_i)$就得是1，如果方向相反的话就得是-1。因此，上述式中的分子(S)是向相同方向移动的组合个数减去向不同方向移动的组合个数。同时，我们也想知道分母D的观测值每两个组合都有多少个组合。

方向一致的组合在总情况数中所占的比例越大，Kendall 的tau-a值也越大。如果两个变量的序列完全一致，则tau-a的值为1;如果两个变量的序列完全相反，则值为-1。如果变数rank_iq或rank_tv中有相同序列的组合，则会被排除。

Kendall 的tau-b，则是对相同序列组合进行调整(adjustment)的相关系数。在上面的例子中，tau-a和tau-b的值是相同的，这意味着在变量rank_iq和rank_tv中没有相同的序列。前面计算 Kendall's tau相关系数的结果是，Kendall的系数是-5，和Kendall's tau-a公式的分子值对应。这意味着在总共45种不同的组合中，向同一方向移动的组合比向不同方向移动的组合少5种。因此，Kendall's tau是这样计算的。

$$\text{Kendall's tau-a} = \frac{-5}{45} = -0.111$$

在之前的tau相关系数结果中，SE of score为11.18，是S的标准偏差估计[*]。另一方面tau相关系数的有效性检验结果表明p值为0.72，大于0.05，在5%显著水平下接受两个变量相互独立(相关系数等于0)的原假设。tau相关联数的有效性统计量如下:

$$Z = \frac{abs(S) - 1}{\sqrt{var(S)}} \sim N(0,1)$$

使用此公式直接计算假设检验p值的结果如下:

```
. scalar tau_test=(5-1)/11.180
. scalar tau_p=2*(1-normal(tau_test))
. scalar list
     tau_p =  .72050665
  tau_test =  .35778175
```

从上面的结果可以看出tau_p的值与之前看到的tau相关系数的有效性检验p值完全一致。

4.6 Stata do file

```
use R_data4_1, clear
twoway (scatter write read) (scatter math read, msymbol(square_hollow))
sunflower read write, dark(6)

pwcorr read write
pwcorr  read write math science
```

* 具体的公式参考 Kendall(1976) p.55.

```
corr read write
corr  read write math science
qui pwcorr  read write math science
return list
mat list r(C)

qui corr  read write math science
return list
mat list r(C)
mat def r_mat=r(C)
scalar read_sci=r_mat[1,4]
scalar list

pwcorr  read write math science, sig
pwcorr  read write math science , sig listwise
by female, sort: corr  read write math science
findit cortesti
cortesti 0.648 91 0.625 106

sysuse auto, clear
corr mpg price weight foreign
pcorr mpg price weight foreign
reg mpg price weight foreign
scalar pcor=0.2944/sqrt(0.2944^2+74-4)
scalar list

use R_data4_2,clear
pwcorr age liberal, sig
spearman age liberal
egen rank_age = rank(age)
egen rank_lib = rank(liberal)
pwcorr  rank_age rank_lib, sig

use R_data4_3,clear
ktau  iq tv_hours
egen rank_iq = rank(iq)
egen rank_tv = rank( tv_hours)
```

```
scalar tau_test=(5-1)/11.180
scalar tau_p=2*(1-normal(tau_test))
scalar list
```

CHAPTER 05 信度分析

5.1 Cronbach's alpha 系数

假设有100名学生对A, B, C 3名教授进行讲课评价, 其响应采用5级的Likert量表(Likert scale)。即5-非常优秀, 4-优秀, 3-一般, 2-不满意, 1-非常不满意。在这份资料中, 我们想要了解的是衡量学生的课程评价的可靠性。假设学生对A教授的评价(从1到100)是(5,3,4,5, …), 那么, 学生对B教授的评价(4,2,3,4, …)是非常可信的。因为, 就像第一位学生给B教授打出低一级分数一样, 其他学生也纷纷打出低一级分数。但是学生们对A教授的评价是(5,3,4,5, …), 而学生们对B教授的评价是(3,5,4,3, …), 这说明学生们对B教授的评价很不可靠。这是因为学生的评价没有一贯性。

Cronbach'alpha系数(Cronbach's alpha coefficient)用于测量变量之间的可靠性或一致性(在上面的例子中是对3位教师的评估)。如上所述, 可以用几个人评价同一对象(即3名教授)来测定一贯性, 也可以用一个人评价多个项目来测定一贯性。让我们用示例数据文件⊡R_data5_1.dta来计算Cronbach's α。数据集中以9000多名高中生为对象, 分5个等级调查了校内吸烟情况(psmoke97)、饮酒情况(pdrink97)、暴力情况(pgang97)。要在Stata中计算Cronbach's alpha系数, 需要执行db alpha指令并加载下一个对话窗。

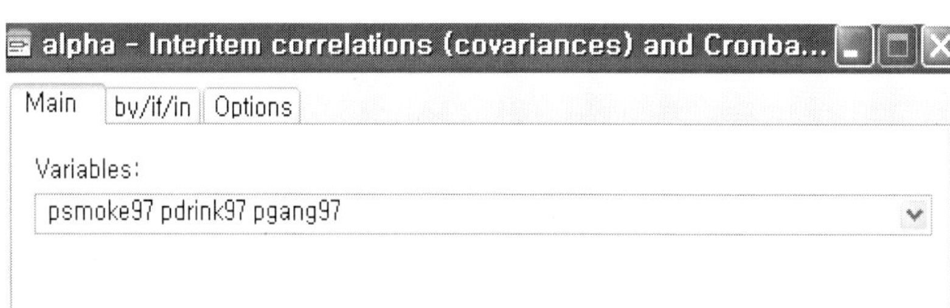

在这个对话窗中, 我们指定了三个变量:psmoke97, pdrink97和pgang97。在选项卡上, 我们选择量表中的标准项目为0,variance 1。该命令语及执行结果如下:

```
. use R_data5_1, clear

. alpha psmoke97 pdrink97 pgang97, std

Test scale = mean(standardized items)

Average interitem correlation:      0.4395
Number of items in the scale:            3
Scale reliability coefficient:      0.7017
```

Cronbach's alpha系数指令是alpha，然后必须输入两个或更多的变量。在语句后面的std是一个标准化选项，它不是使用每个变量的共方差，而是使用相关系数计算alpha系数。结果中的Number of items…是指变数的数目。最后一排的可靠性系数就是我们希望算出的Cronbach's alpha系数。在本题中，计算的值是0.70。根据经验法则，alpha系数大于0.8意味着很强的一贯性，大于0.6则具有可接受的一贯性。在这个例子中，由于0.70的值，所以参与者对三个问题的回答是有一定的一贯性的。

Cronbach's alpha的标准系数为:

$$\alpha = \frac{kM_{corr}}{1+(k-1)M_{corr}}$$

式中k为变数之数，M_{corr}为两个变数成对计算的相关系数之平均。如果变数之间的相关系数都是1，就知道$M_{corr}=1$，那么$\alpha=1$。Average interitem correlation对应于上述框中的结果。可以用下面的参数来计算:

```
. di 3*0.4395/(1+2*0.4395)
0.70170303
```

可以看出，上面的计算值与之前使用alpha命令的计算结果完全一致。在之前的alpha对话窗中，选择Save the generated scale in variable，然后输入变量名gc。与此相应的命令如下:

```
. alpha psmoke97 pdrink97 pgang97, generate(gc) std
```

这个命令语将会在Variables窗口中创建一个变量gc。让我们看看这个变量的前10个观察结果。

```
. list pubid  psmoke97 pdrink97 pgang97 gc in 1/10

     +--------------------------------------------------+
     | pubid   psmoke97   pdrink97   pgang97         gc |
     |--------------------------------------------------|
  1. |     1          5          4         1   .9171029 |
  2. |     2          1          4         1  -.1225431 |
  3. |     3          4          2         1   .1222996 |
  4. |     4          5          5         4   2.204126 |
  5. |     5          3          1         2  -.0651985 |
     |--------------------------------------------------|
  6. |     6          5          3         3   1.329375 |
  7. |     7          5          2         1   .3822111 |
  8. |     8          2          1        .b  -.6942533 |
  9. |     9          2          3         1  -.1300775 |
 10. |    10          1          1         1  -.9248807 |
     +--------------------------------------------------+
```

每个个体的gc变量是标准化的psmoke97、pdrink97和pgang97变量，然后是它们的平均数。即:按如下计算:

$$S_i = \frac{1}{k_i}\sum_{j=1}^{k_i} S(x_{ij})$$

$S(x_{ij})$是第i个体的j观测值，k_i是第个体的观测值个数(不包括缺测值)。如果x_{ij}值是可测值，则为$S(x_{ij})=0$。因为gc变量是三个变量的标准化平均数，通常它们越接近于零，第i个体的值越接近于每个变量的平均数。另一方面，如果一个值从0到(+)或(-)越远，则第i个体的值离平均值越远。例如，在我们的示例中，第4位学生的gc值非常高，为2.2。这3个观测值分别为5,5,4，均较各变量的平均值偏高。一个具有这种性质的gc变量也只有在较高的cronbach alpha系数下才会是可信的。

Tip 5.1 ● 变量标准化

可以使用std函数，其中一个是egen函数。选项mean(0)和std(1)表示执行一个标准化操作，使平均值为0，标准差为1。也可以通过标准化程序直接计算与上述示例所生成的gc变量相同值的新变量。

```
. egen psmoke_s = std(psmoke97), mean(0) std(1)
(113 missing values generated)

. egen pdrink_s = std(pdrink97), mean(0) std(1)
(185 missing values generated)

. egen pgang_s = std(pgang97), mean(0) std(1)
(172 missing values generated)

. egen gc1 = rowmean(psmoke_s  pdrink_s  pgang_s)
(41 missing values generated)
```

可以注意到最后生成的gc1变量和之前使用alpha命令生成的gc变量的值是一致的。

```
. list gc gc1 in 1/10

     +-----------------------+
     |        gc         gc1 |
     |-----------------------|
  1. |  .9171029    .9171028 |
  2. | -.1225431   -.1225431 |
  3. |  .1222996    .1222996 |
  4. |  2.204126    2.204126 |
  5. | -.0651985   -.0651985 |
     |-----------------------|
  6. |  1.329375    1.329375 |
  7. |  .3822111    .3822111 |
  8. | -.6942533   -.6942533 |
  9. | -.1300775   -.1300775 |
 10. | -.9248807   -.9248807 |
     +-----------------------+
```

5.2 Cohen's kappa 系数

两个放射科医生看了同样100个人的x光片，分别诊断出他们患有什么癌症，测试两位医生的评价结果是否具有一致性。或者三位面试官面试相同的50为应聘者，记录下他们的评分成绩，以此来测试三位面试官的评价成果是否具有一致性。

另一个例子:如果对2个人进行一次20个问题的问卷调查，我们想测试这两个人的问卷结果在某种程度上是否一致。Cohen's kappa系数(Cohen's kappa coefficient)是一个很有用的统计。

我们用示例数据文件R_data5_2.dta来计算kappa系数。数据包含两个放射科医师(A和B)对同一85位患者的诊断。诊断可分为正常(normal)、良性(benign)、怀疑(suspect)、癌症(cancer)等。医生A对85位患者的判定记录在rada变量中，医生B的判定结果记录在radb变量中。在计算kappa系数之前，首先用tab命令生成了两个变量的双频表(two-way frequency table)，其结果如下:

```
. use R_data5_2, clear

. tab  rada radb, exp

+--------------------+
| Key                |
|--------------------|
|     frequency      |
| expected frequency |
+--------------------+

Radiologis |
     t A's |        Radiologist B's assessment
assessment |    Normal     benign    suspect     cancer |     Total
-----------+--------------------------------------------+----------
    Normal |        21         12          0          0 |        33
           |      10.9       14.8        6.2        1.2 |      33.0
-----------+--------------------------------------------+----------
    benign |         4         17          1          0 |        22
           |       7.2        9.8        4.1        0.8 |      22.0
-----------+--------------------------------------------+----------
   suspect |         3          9         15          2 |        29
           |       9.6       13.0        5.5        1.0 |      29.0
-----------+--------------------------------------------+----------
    cancer |         0          0          0          1 |         1
           |       0.3        0.4        0.2        0.0 |       1.0
```

```
------------+------------------------------------------+----------
      Total |        28         38         16          3 |        85
            |      28.0       38.0       16.0        3.0 |      85.0
```

在命令中有exp选项，用以得知期望频率(expected frequency)。每个单元由两个数字上下排列，上面的数字是实际的观测频率，下面的数字是期望频率。例如，从2名医生都判定为正常的情况来看，观测频度为21名，期待频度为10.9名。

医生A认为85位病患中有33位正常，即33/85的比例认为是正常比例；医生B认为85位病患中有28位正常，即28/85的比例认为是正常比例。如果这两件事是独立的，两个医生都认为这个病人正常的几率是两倍，如果这85名件事是独立的，那么这85名件事的$(33\times28)/85=10.9$就是期待的频率数。

这可以说是两个医生对个别患者的判定完全不一致的概率上的偶然可能频率数。如果在上面的频度表中，85位患者的观测频度都存在于上下对角线(\ )上的单元，那么可以认为两位医生的判定是100%一致的。但是，从上面的表格上可以看出，两个医生对31名患者做出了不同的诊断，其中包括脱离对角线的单元格，例如医生A判定为normal，医生B判定为benign的有12名。cohen卡帕系数试图测量这一评估的不一致性。例如，两位医生对31名患者做出了不同的诊断，其中，A医生判定为normal，但B医生判定为benign的有12名。cohen卡帕系数试图测量这一评估的不一致性。

如本例所示，当有两名评价者时候，计算kappa系数的命令是kap。在kap之后有两个变量。

```
. kap rada radb

             Expected
Agreement    Agreement     Kappa   Std. Err.         Z      Prob>Z
-----------------------------------------------------------------
  63.53%      30.82%      0.4728     0.0694       6.81      0.0000
```

结果为卡波系数为0.47。一般认为kappa值0.6 0.8是高一致性，0.4 0.6是大一致性，0.2 0.4是低一致性，低于0.2则非一致性。上面的结果可以说一致性比较高。cohen的卡帕系数公式是:

$$\kappa = \frac{P_A - P_E}{1 - P_E}$$

这里的P_A"agreement比率"是"实际一致(agreement)比率"，"P_E是偶然的一致概率"。在本例中，匹配患者数(匹配患者数)/(总患者数)=52/85=0.6553是Agreement的63.53%。其次是(对角线上的预期频率)/(总患者数)=(10.9+9.8+5.5+0)/85=0.3082，等于之前结果的Expected Agreement的30.82%。可以这样计算卡帕系数，具体如下:

```
. di (0.6353-0.3082)/(1-0.3082)
0.47282452
```

可见这个结果与前面使用kap命令计算的结果完全一致。

为了检验卡波(kap)系数的值是否与0有显著差异，使用以下的检验统计量。

$$Z = \frac{\kappa}{se(\kappa)} \sim N(0,1)$$

这里是卡波系数的标准误差。以上检验统计量遵循标准正态分布。根据前述结果，由于卡波系数为0.4728，其标准误差为0.0694，故检验统计量为6.81。因为p值(0.00)小于0.01，可以在1%显著水平驳回卡波系数值为0的原假设。

另一方面，考虑把医生A和B的诊断结果看作是顺序(ordinal) 数据，而不是分类数据。事实上可以说，医生A判断为1(normal)而医生B判断为2(benign)，与医生A判断为1而医生B判断为4(cancer)相比，具有一定的一致性。

因此，可以预期在分类数据和排序数据中结果会有所不同。为了将其看作是有序数据，使用下面的wgt(w)选项。

```
. kap rada radb, wgt(w)
```

```
Ratings weighted by:
   1.0000   0.6667   0.3333   0.0000
   0.6667   1.0000   0.6667   0.3333
   0.3333   0.6667   1.0000   0.6667
   0.0000   0.3333   0.6667   1.0000

             Expected
Agreement    Agreement     Kappa   Std. Err.        Z      Prob>Z
-----------------------------------------------------------------
  86.67%      69.11%      0.5684    0.0788       7.22      0.0000
```

结果显示卡波系数为0.56，比之前分类数据假设的情况下的卡波（kap）系数(0.47)有一定的一致性。

这次让我们计算一下不同类型的数据的卡帕（kap）系数。示例数据文件 R_data5_3.dta是一项由两名或两名以上评测者记录的25个问题。回答则分为“肯定(positive)”和“否定(negative)”。数据如下:

	subject	raters	pos
1	1	2	2
2	2	2	0
3	3	3	2
4	4	4	3
5	5	3	3
6	6	4	1
7	7	3	0
8	8	5	0
9	9	2	0
10	10	4	4

在这里，subject变量是评估问题的编号，而raters变量则表示每个问题有多少评估者响应。pos变量是参与调查者对该问题给予肯定评价的人数。例如第3题，共有3名评价者进行了回答，其中2名给出了肯定性评价，剩下的1名给出了否定性评价。当给出这样的数据时，为了计算卡波系数，首先，将对各问题持否定评价的评价者数设定为一个变数。

```
. gen neg=raters-pos
```

然后使用命令kappa计算卡帕(kappa)系数。

```
. kappa pos neg

Two-outcomes, multiple raters:

         Kappa        Z        Prob>Z
        -----------------------------
        0.5415      5.28       0.0000
```

在kappa命令下面列出所有类别的评价结果变量。在执行结果中，Two-outcomes的意思是评价结果分为肯定(pos)和否定(neg)两种。将之前的(kap)卡帕系数的公式在本例中重新给出。

$$\kappa = \frac{P_A - P_E}{1 - P_E}$$

在这里，(实际匹配率)和(偶然匹配率)的计算如下:

$$P_A = \frac{1}{N}\sum_{i=1}^{N} P_{Ai},\ P_{Ai} = \frac{1}{n_i(n_i - 1)}\left[\sum_{j=1}^{k} n_{ij}^2 - n_i\right],\ P_E = \left(\frac{1}{N}\right)^2 \sum_{j=1}^{k}\left(\sum_{i=1}^{N}\frac{1}{n_i}n_{ij}\right)^2$$

上式中“N”是全部评价问题的数量，n_i第i问题的评价人数，“n_{ij}”是第i题选择j范畴的评价者人数，k是评价结果范畴的个数。在本题中，$N = 25$，$k = 2$。根据这个结果，卡波系数是0.54，这表示存在某种一致性。

在这个示例中，让我们用数据文件 ⊡R_data5_4.dta。它与前面示例文件的性质几乎相同。不同的是，评价者选择的结果不是2个范畴，而是3个范畴(cat1、cat2、cat 3)。共有10个评价问题，各评价者的评价结果被分类为3个范畴中的一个数据如下:

	subject	cat1	cat2	cat3
1	1	1	3	0
2	2	2	0	3
3	3	0	0	5
4	4	4	0	1
5	5	3	0	2
6	6	1	4	0
7	7	5	0	0
8	8	0	4	1
9	9	1	0	2
10	10	3	0	2

每个评价题的评价者人数不同，所以可知第1题共4名，第2题共5名。卡波系数的执行结果如下。

```
. use R_data5_4, clear

. kappa  cat1 cat2 cat3

          Outcome |    Kappa          Z     Prob>Z
-----------------+-------------------------------
             cat1 |    0.2685          .          .
             cat2 |    0.6457          .          .
             cat3 |    0.2938          .          .
-----------------+-------------------------------
         combined |    0.3816          .          .

Note:  number of ratings per subject vary; cannot calculate test
       statistics.
```

对三个评价结果(cat1、cat2、cat3)分别计算各自的（kap）卡波系数，得到三个卡波系数的加权平均组合卡波(Combined Kappa)。例如，在计算cat1的卡帕系数时，使用选择cat1和选择cat2、cat3的测算者的数量。具体的计算过程超出本书的范围，故从略。结果表明cat2的卡波系数是一个相对大的值。从示例文件中的数据可以看出，评估者通常选择了全部cat2，或者根本不选择cat2。整体一致性为0.3816，比较弱。如果考评人数超过三人，且每一考评题目的考评人数不固定，则不提供其有效性考核结果。

5.3 Stata do file

```
use R_data5_1, clear
alpha psmoke97 pdrink97 pgang97, std
di 3*0.4395/(1+2*0.4395)
alpha psmoke97 pdrink97 pgang97, generate(gc) std
list pubid  psmoke97 pdrink97 pgang97 gc in 1/10

egen psmoke_s = std(psmoke97), mean(0) std(1)
egen pdrink_s = std(pdrink97), mean(0) std(1)
```

```
egen pgang_s = std(pgang97), mean(0) std(1)
egen gc1 = rowmean(psmoke_s  pdrink_s  pgang_s)
list gc gc1 in 1/10

use R_data5_2, clear
tab  rada radb, exp
kap rada radb
di (0.6353-0.3082)/(1-0.3082)
kap rada radb, wgt(w)
gen neg=raters-pos
kappa pos neg

use R_data5_4, clear
kappa  cat1 cat2 cat3
```

CHAPTER 06 卡方检验

本章探讨类别数据的检验。分类变量最简单的形态是binomial随机变量(英语:binomial random variable)，它的观察值只有成功和失败两个部分。之前我们在第2章讲了二项概率变数成功率的假设检验程序。二项概率变量是由事件结果的二元实验(binomial experiment)生成的。多项式实验(multinomial experiment)。这里是事件结果的对比。例如，某商场中有3家汉堡店，如：麦当劳、汉堡王、乐天利等，购买汉堡的事件结果为三家之一。多项实验需要具备的条件如下：

- n是事件的个数
- k是事件结果的范畴之一
- 每个执行事件是彼此独立
- 每一类事件发生的概率都是固定的

在多项式分布检验中，主要的关注点是在每一类别的概率检验。第6.1节介绍当存在单一类别变量时，检验每一类别的观察或出现频率与特定的比例是否一致的方法。在第6.2节中，我们将讨论当有两个而不是一个类别变量时，如何检验它们在统计上是否相互作用。

6.1 拟合度检验

广义的拟合度测试(英语:goodness-of-fit test)是测试一个统计模型与观测数据的拟合优度检验，但通常是检验总样本分布是遵循什么样的特定的概率分布。这种方法是先把数据分为k类，然后分析每一类的观察频率（observed frequency）和期望频率(expeceted frequency)之间的差异。让我们用示例数据文件 R_data6_1.dta来实现它。数据来源于连续200周中彩票的号码(lottery变量)。彩票在1~100个中有一个号码会中奖。现在将中奖号码分成1 ~ 10,11~20, …、91~100等10个组，检查各组的中奖号码是否均匀。假说如下:

$$H_0: \ p_1 = p_2 = \cdots = p_{10} = 0.1$$

H_1： 곅至少有一个p_i不是0.1。

这里p_i是第i组出现中奖号码的概率。换句话说，中奖号码属于第i组的概率。由于在原假设中，每个组(类别)的出现概率都是0.1，所以这些假设检验也被称为均匀拟合检验(uniform goodness-of-fit test)。为了进行验证，首先要将200个中奖号码分为10个组。下面这个语句使用recode命令将中奖的数字分成1到10的组，并将其指定为lottery_grp变量。按tab命令计算每组的频率。

```
. use R_data6_1, clear

. recode lottery (1/10=1) (11/20=2) (21/30=3) (31/40=4) (41/50=5)
(51/60=6) (61/70=7) (71/80=8) (81/90=9) (91/100=10), gen(lottery_grp)
(196 differences between lottery and lottery_grp)

. tab lottery_grp

  RECODE of |
    lottery |      Freq.     Percent        Cum.
------------+-----------------------------------
          1 |         22       11.00       11.00
          2 |         22       11.00       22.00
          3 |         21       10.50       32.50
          4 |         17        8.50       41.00
          5 |         17        8.50       49.50
          6 |         24       12.00       61.50
          7 |         19        9.50       71.00
          8 |         19        9.50       80.50
          9 |         27       13.50       94.00
         10 |         12        6.00      100.00
------------+-----------------------------------
      Total |        200      100.00
```

从前面的结果来看，10个组中第9组(即中奖号码为81 ~ 90人的组)的200号组中，27号中奖，中奖比率最高，为13.50%，第10组(中奖号码为91 ~ 100人的组)的中奖比率最低，为6.00%。

在Stata中使用mgof指令检验均匀拟合度。为此，需要运行下列命令，在网上查找并下载相关程序，然后安装。

```
. findit mgof
```

为了检验，在mgof命令后面指定要分析的类别型变量(如本例中的lottery_grp变量)。只能指定1个变数。命令语和执行结果如下:

```
. mgof  lottery_grp, freq

                                Number of obs =       200
                                N of outcomes =        10
                                Chi2 df       =         9

--------------------------------------------------------
      Goodness-of-fit |         Coef.      P-value
----------------------+---------------------------------
         Pearson's X2 |           7.9       0.5443
 Log likelihood ratio |      8.184173       0.5157
--------------------------------------------------------

  lottery_grp |   observed    expected
--------------+-------------------------
            1 |         22          20
            2 |         22          20
            3 |         21          20
            4 |         17          20
            5 |         17          20
            6 |         24          20
            7 |         19          20
            8 |         19          20
            9 |         27          20
           10 |         12          20
--------------+-------------------------
        Total |        200         200
```

在mgof命令中添加freq选项，会为每个类别提供额外的观察频率和期望频率表。上面的结果有两个检验统计量。其中Pearson's检验统计公式为:

$$\chi^2 = \sum_{i=1}^{k} \frac{(f_i - e_i)^2}{e_i} \sim \chi^2(k-1)$$

式中，f_i为i范畴的实际观测频率，e_i为在原假设下i范畴的期望频率。检验统计量为卡方分布，自由度为$k-1$。本例中的自由度(chi2　df)等于$k-1=10-1=9$。皮尔森卡方检验统计量为7.9，且p值(0.54)大于0.05，故不能在5%显著水平上驳回原假设。也就是说，中奖号码在各范畴中出现的都比较均匀。另一个检验统计数据log-likelihood　ratio的计算如下:

$$LR = 2\sum_{i=1}^{k} f_i \ln\left(\frac{f_i}{e_i}\right) \sim \chi^2(k-1)$$

由于以上结果，LR检验统计量为8.18，p值(0.51)大于0.05，与皮尔森卡方检验统计量一样，不能在5%显著水平上驳回原假设。

到目前为止，我们考察了正态分布的合适度。这一次让我们来检验非均匀分布的假设。下面的示例数据文件 R_data6_2.dta中给出了汉堡变量的频率表，具体如下:

```
. use R_data6_2, clear

. tab hamburger

  hamburger |      Freq.     Percent        Cum.
------------+-----------------------------------
          1 |         20       40.00       40.00
          2 |         18       36.00       76.00
          3 |         12       24.00      100.00
------------+-----------------------------------
      Total |         50      100.00
```

上面的数据组是以50位消费者为对象，调查他们在3个汉堡制造商(1:麦当劳，2:乐天利，3:汉堡王)中选择哪一个的。通过这些数据来检验麦当劳的市场占有率是50%，乐天利是40%，汉堡王是10%。原假说和研究假说是:

$$H_0: \ p_1 = 0.5, p_2 = 0.4, p_3 = 0.1$$

H_1: 不符合事实

如果每个类别的分布不是均匀分布，则不能使用mgof命令，并且必须使用mgofi命令，如下所示，Stata命令和执行结果如下:

```
. mgofi 20 18 12 / 25 20 5, freq

                          Number of obs =       50
                          N of outcomes =        3
                          Chi2 df       =        2

------------------------------------------------
      Goodness-of-fit |        Coef.     P-value
----------------------+-------------------------
         Pearson's X2 |           11      0.0041
 Log likelihood ratio |     8.292529      0.0158
------------------------------------------------

             |  observed   expected
-------------+---------------------
          r1 |        20         25
          r2 |        18         20
          r3 |        12          5
-------------+---------------------
       Total |        50         50
```

在mgofi命令之后输入每个类别的观察频率，插入/(\ not)，然后输入在原假设下的期望频率。由上面的结果可以看出，皮尔森检验统计量的p值(0.00)和对数似然非检验统计量的p值(0.01)都在5%显著水平上驳回了原假设。

Tip 6.1 ● Local macro和 scaler 使用

在上述示例中，当使用mgofi命令时，可以使用本地宏(Local macro)来代替直接输入数字的期望频率。因此，在mgofi语句中，可以将期望频率定义为本地宏(Local macro)，如下所示。

```
. local exp_1=50*0.5
. local exp_2=50*0.4
. local exp_3=50*0.1
. mgofi 20 18 12 / `exp_1' `exp_2' `exp_3'

                          Number of obs =      50
                          N of outcomes =       3
                          Chi2 df       =       2

------------------------------------------------
      Goodness-of-fit |       Coef.     P-value
----------------------+-------------------------
         Pearson's X2 |          11      0.0041
 Log likelihood ratio |    8.292529      0.0158
------------------------------------------------
```

结果可以确认和用数字填的是一样的。需要注意的是，caller不能代替本地宏(Local macro)。在caller中存储期望频率之后，执行mgofi语句会得到一条错误消息。

6.2 频度表卡方检验

虽然前一节我们只研究了一个类别变量，但本节介绍一种检测两个类别变量在统计上是否相互关联的方法。示例数据文件⊡R_data6_3.dta以居住在某城市的153人为对象进行了调查，kids变数记录是否有19岁以下的同伴子女，meetings变数记录是否参加过环境污染聚会，gender则记录了性别。首先，请使用tab2或tab命令来研究两类变量的双频度表(two-way frequency table)。命令语和执行结果如下:

```
. use R_data6_3, clear

. tab kids meetings

      Have |
  children | Attended meetings on
    <19 in |       pollution
     town? |        no        yes |     Total
-----------+----------------------+----------
        no |        52         11 |        63
       yes |        54         36 |        90
-----------+----------------------+----------
     Total |       106         47 |       153

. tab2  gender kids meetings
-> tabulation of gender by kids

           | Have children <19 in
Respondent |         town?
 's gender |        no        yes |     Total
-----------+----------------------+----------
      male |        26         34 |        60
    female |        37         56 |        93
-----------+----------------------+----------
     Total |        63         90 |       153

-> tabulation of gender by meetings

           | Attended meetings on
Respondent |       pollution
 's gender |        no        yes |     Total
-----------+----------------------+----------
      male |        42         18 |        60
    female |        64         29 |        93
-----------+----------------------+----------
     Total |       106         47 |       153

-> tabulation of kids by meetings

      Have |
  children | Attended meetings on
    <19 in |       pollution
     town? |        no        yes |     Total
-----------+----------------------+----------
        no |        52         11 |        63
       yes |        54         36 |        90
-----------+----------------------+----------
     Total |       106         47 |       153
```

tab之后只需要输入两个类别变量。在tab之后输入三个变量将会收到一条错误消息。在tab2之后，可以输入两个以上类别变量。在tab2中，三个变量被列出，并给出了三个不同类型的双频度表，如前所述:

kids变数和meeting变数之间是否存在统计上的关联性。假说如下:

H_0：两个变数相互独立.

H_1：两个变数相互影响.

在Stata中，在tab(或tab2)后面添加chi2选项可提供毕尔生kai乘检验。lrchi2选项也提供了对数似然比检验结果。命令语和执行结果如下:

```
. tab kids meetings, chi2 lrchi2 exp

+--------------------+
| Key                |
|--------------------|
|     frequency      |
| expected frequency |
+--------------------+

     Have |
 children | Attended meetings on
   <19 in |       pollution
    town? |        no        yes |     Total
-----------+----------------------+----------
       no |        52         11 |        63
          |      43.6       19.4 |      63.0
-----------+----------------------+----------
      yes |        54         36 |        90
          |      62.4       27.6 |      90.0
-----------+----------------------+----------
    Total |       106         47 |       153
          |     106.0       47.0 |     153.0

          Pearson chi2(1) =   8.8464   Pr = 0.003
 likelihood-ratio chi2(1) =   9.2570   Pr = 0.002
```

语句末尾的exp选项在两个变量彼此独立的零假设下计算期望频率。例如，我们计算kids=no，meetings=no的事件期望频率。因为前者的概率是63/153，后者的概率是106/153，所以如果两个事件是独立的，那么两个事件同时发生的概率是两个概率的乘积。因此，在153次试验中，两个事件同时发生的期待频率是$(63\times106)/153=43.6$，也就是说两个概率的乘积除以153。而卡方分布的自由度是各变量的范畴个数减去1后相互相乘的值。因为这两个变量都有两个类别，所以自由度为1。检验结果表明皮尔森卡方检验和对数似比检验都在5%显著水平上否定了零假设。

Tip 6.2 ● 绘制二元空图表结果的表格

tabplot命令可以用来表示双元频度图表。findit tabplot需要在互联网上查找并安装它。在tabplot命令之后，必须输入两个类别变量。输入三个或一个以上变量会收到一条错误消息。命令语和执行结果如下：

```
. tabplot kids meetings, showval(format(%9.2f)) percent
```

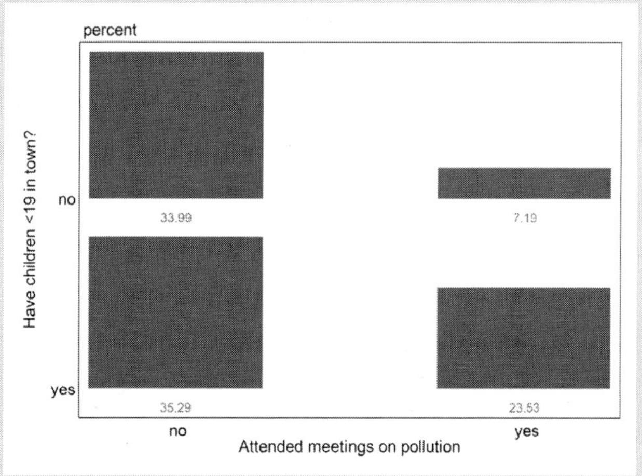

变量显示在tabplot命令之后的水平轴上，然后是水平轴上。语句中的percent可用于计算这四个类别的比率，而showval可用于在图上显示计算出的比率。在showval选项中，我们指定了显示格式，这个值可以显示到小数点后两位。另外，如果你在percent选项中指定一个特定的变量，你可以根据这个变量计算出一个百分比并在图表上显示出来。

下面的例子是以kids为基准来表示比率的。

. tabplot kids meetings, showval(format(%9.2f)) percent(kids)

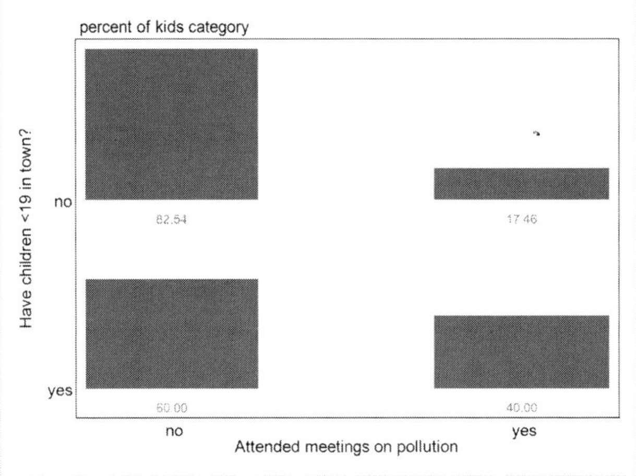

在上一图表中，82.54%和17.46%是指假设kids变数中回答no的人为100%，在meetings变数中回答no和yes的人的比率。kids为"yes"时的60.00%和40.00%也是用同样的方式计算的比率。

6.3 Stata do file

```
use R_data6_1, clear
recode  lottery  (1/10=1)  (11/20=2)  (21/30=3)  (31/40=4)  (41/50=5)
(51/60=6) (61/70=7) (71/80=8) (81/90=9) (91/100=10), gen(lottery_grp)
tab  lottery_grp
findit mgof
mgof  lottery_grp, freq

use R_data6_2, clear
tab hamburger
mgofi 20 18 12 / 25 20 5, freq

local exp_1=50*0.5
local exp_2=50*0.4
local exp_3=50*0.1
mgofi 20 18 12 / `exp_1' `exp_2' `exp_3'
```

```
use R_data6_3, clear
tab kids meetings
tab2  gender kids meetings
tab kids meetings, chi2 lrchi2 exp

findit tabplot
tabplot kids meetings, showval(format(%9.2f)) percent
tabplot kids meetings, showval(format(%9.2f)) percent(kids)
```

CHAPTER 07 非参数检验

7.1 Kolmogorov-Smirnov 检验

本章介绍几种非参数检验(non-parametric tests)。首先，是Kolmogorov-Smirnov检验，检验连续变量的概率分布是否等于概率分布。K-S检验是非参数性的，因为假设检验不需要任何特定的参数，例如总平均数。根据经验分布(empirical distribution)与理论概率分布(location)的差异，检验的假设如下：

H_0：样本数据符合理论概率分布
H_1：样本数据不符合理论概率分布

正态分布(normal distribution)是K-S检验选择的理论概率分布。在示例数据文件R_data7_1.dta中测试wage变量的概率分布是否符合正态分布。首先计算wage的摘要统计值。

```
. use R_data7_1, clear

. su wage

    Variable |       Obs        Mean    Std. Dev.       Min        Max
-------------+---------------------------------------------------------
        wage |      2246    7.766949    5.755523   1.004952   40.74659
```

接下来，可以从对menu中导出单样本(one-sample)K-S检验的对话窗口Statistics > Summaries, tables and tests > Nonparametric tests of hypotheses > One-sample Kolmogorov-Smirnov test进行选择。对话窗如下：

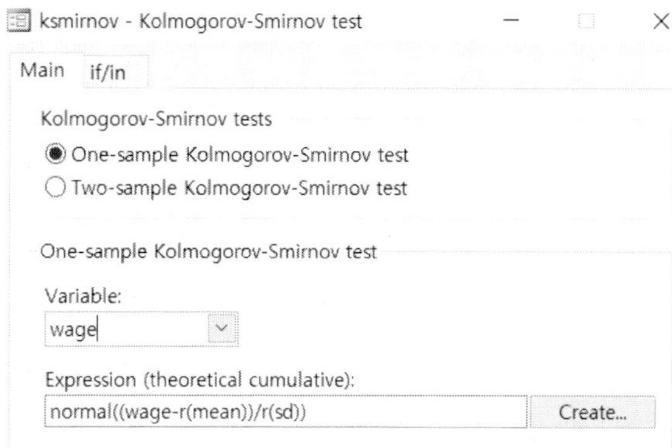

在对话窗口的变量中选择目标变量wage，并输入wage变量的理论累积概率作为其表达式。在这个例子中，将wage变量的理论概率分布定义为正态分布。expression是normal((wage-r(mean))/r(sd))，表示wage变量累积的正态累积概率的方法。normal( )是计算正态标准变量累积概率的函数，r(mean)和r(sd)分别是wage变量的样本平均值和样本标准差。结果为了利用标准正态累积概率函数normal( )，将wage变数标准化。以上命令语和执行结果如下:

```
. ksmirnov wage = normal((wage-r(mean))/r(sd))

One-sample Kolmogorov-Smirnov test against theoretical distribution
           normal((wage-r(mean))/r(sd))

 Smaller group        D       P-value  Corrected
 ----------------------------------------------
 wage:               0.1464    0.000
 Cumulative:        -0.1579    0.000
 Combined K-S:       0.1579    0.000      0.000

Note: ties exist in dataset;
      there are 967 unique values out of 2246 observations.
```

K-S检验的命令语是ksmirnov。在上面的结果中，Combined K-S的D值(0.1579)是K-S检验统计量的值。由于检验统计量的p值(0.00)小于0.01，故在1%置信水平上驳回原假设。因此，不能说wage变量的概率分布是正态分布。

K-S检验统计D值的方法。这里D代表距离(distance)，即:经验分布函数和理论分布函数之间的距离最大值为D。在上面的结果中，我们已经提到了D值列中有三个数字，其中第三个，即Combined K-S的D值是K-S检验统计量。根据wage变量经验分布函数减去理论分布函数的两个D值，最大的是wage D值(0.1464)，最小的是Cumulative D值(−0.1579)。因此，这两个数值中最大的一方就是两个分布函数之间的最大距离。在这个例子中，我们知道Cumulative D的绝对值是大的。

这一次，我们以直接图示的形式来描述我们使用的wage变量的经验分布和理论分布。用cumul来创建Stata中给出的经验累积分布函数的指令。将目标变量名(即wage)写入cumul命令之后，并在gen( )选项的括号内指定一个累积概率变量的名字(例如emp_wage)，如下所示:

```
. cumul wage, gen(emp_wage)
```

这将在Variables窗口中创建一个累积的概率变量emp_wage。这个变量表示wage变量每一个值的经验累积概率。接下来，创建一个wage变量的理论累积概率变量。本示例中将理论分布设为正态分布。如前所述，为了生成正态分布的累积概率变量，使用标准正态变量的累积概率函数normal( )。因为这需要标准化括号内的变量，而且这需要有平均值和标准差值，所以我们首先执行su命令，计算wage的摘要统计量。执行命令如下:

```
. qui su wage
. gen theo_wage=normal((wage-r(mean))/r(sd))
```

让我们画出表示wage变量经验累积概率的emp_wage变量和表示理论累积概率的theo_wage变量的图。菜单中的 Graphics 选择 Two way graphs，点击Create出现窗口Plot1，可以选择Basic plots作为图片类型，也可以选择emp_wage为经验概率分布类型，也可以选择emp_wage为Y variable，wage为X variable。必须在X variable中找到Sort。单击Line properties从模式中选择Long-dash。在Plot2窗口中选择Line，在Y variable中选择theo_wage，在X variable中选择wage。在X variable 中选择Sort。以上

命令文和执行结果如下:

```
. twoway (line emp_wage wage, sort lpattern(longdash)) (line theo_wage wage,
  sort)
```

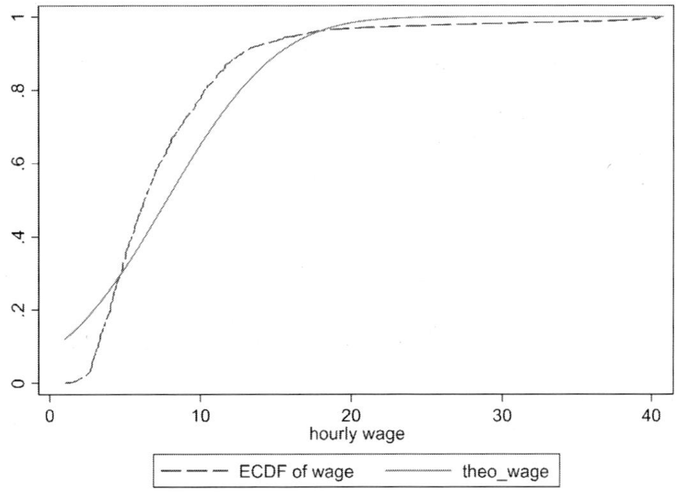

上图中，虚线为wage变数的经验累积概率分布，实线为正态分布的wage变数的理论累积概率分布。两个图之间最大的距离是K-S的D检验统计量。

前面测试的是某一个样本的分布是否等于特定的一个理论分布，也可以测试两个样本的分布是否相等。检验的假设是:

H_0： 两个标本遵循相同的总体分布。

H_1： 两个样本不遵循相同的总体分布。

为了对两个样本的分布进行K-S检验，数据必须是长类型结构。如果是wide type，则需要用stack命令转换为long type[*]。与前面的示例数据文件相同，使用 R_data7_1.dta，这次将wage数据分为白种人组和两个其他组，看看两者的概率分布是否相等。首先，因为在该数据集中的race变量有三个类别(1-白种人，2-黑人，3-其他)，因此，使用recode命令新建两个类别(白种人和其他)的race1变量，如下所示:

* 有关wide type和long type数据的含义和转换方法，请参见第2.2节的内容。

```
. tab race

       race |      Freq.     Percent        Cum.
------------+-----------------------------------
      white |      1,637       72.89       72.89
      black |        583       25.96       98.84
      other |         26        1.16      100.00
------------+-----------------------------------
      Total |      2,246      100.00

. recode race (1=1) (2/3=0), gen(race1)
(609 differences between race and rac
```

为了检验在race1中两个组的wage变量的分布是否不同，我们将Statistics > Summaries, tables and tests > Nonparametric tests of hypotheses > Two-sample Kolmogorov-Smirnov test选择。会得到如下的对话窗：

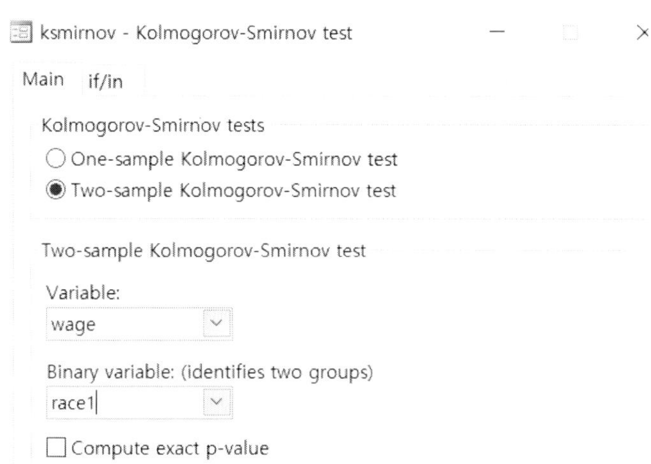

在对话窗口的Variable中，选择连续变量wage在Binary Variable中，选择分类变量race1。Binary variable中的变量必须只有两个类别。命令文和执行结果如下:

```
. ksmirnov wage, by( race1 )

Two-sample Kolmogorov-Smirnov test for equality of distribution functions

 Smaller group       D       P-value  Corrected
 ----------------------------------------------
 0:                  0.1350    0.000      .
```

```
 1:                  -0.0016    0.998
 Combined K-S:        0.1350    0.000        0.000

Note: ties exist in combined dataset;
      there are 967 unique values out of 2246 observations.
```

命令与ksmirnov相同。只有使用by( )作为选项，并输入一个变量(race1)，将观察分为两组。结果表明，K-S检验统计量(Combined K-S的D值)为0.135。因为*p*值(0.00)小于0.01，可以在1%显著水平上拒绝原假设，即两组的工资分布不一样。

这次来画出两组wage的经验概率分布。首先，使用cumul命令为每个组创建一个wage的累积概率变量。

```
. cumul wage if race1==1, gen(wage_white)
. cumul wage if race1==0, gen(wage_nonwhite)
```

然后在(i) wage和(ii) wage和(wage_nonwhite)之间绘制一条线图，命令文和执行结果如下:

```
. twoway (line wage_white wage, sort lpattern(longdash)) (line wage_nonwhite
  wage, sort)
```

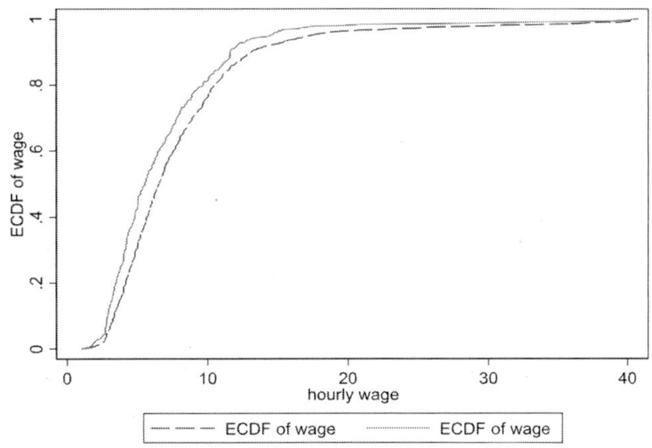

如上图所示，在几乎所有的工资水平上，其他群体(non-white)的累积概率高于白人群体(white)的累积概率。换句话说，累积概率相同时，白人组的工资水平比其他组的要高。例如，两个组的累积概率=0.5时比较工资的话，白人组的工资更高。

7.2 Wilcoxon rank-sum 检验

Wilcoxon rank-sum检验是一种使用非参数检验两组样本是否来自相同分布的方法。如果在前提条件下不能使用比较两组总平均数的*t*检验，也可能使用此检验。不是比较两组的总平均数，而是检查两个群组的位置(location)是否相同。威尔科克森秩检验(Wilcoxon rank-sum检验)要求两组样本彼此独立。

示例数据文件R_data7_2.dta记录了110个人的性别和年龄。在这里测试一下男女(gender 变量)的年龄分布是否相同。威尔科克森秩检验(Wilcoxon rank-sum检验)可以从Statistics > Summaries, tables and tests > Nonparametric tests of hypotheses > Wilcoxon rank-sum test 选择。出现下面的对话窗:

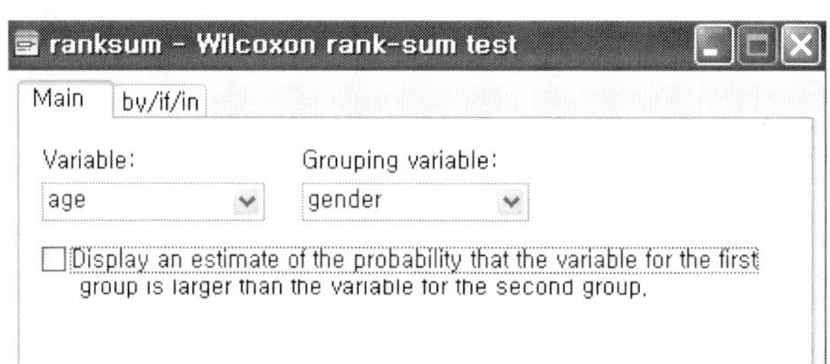

输入一个变量age，您想要在谈话窗口的Variable中测试它，以及一个变量gender，它在Grouping Variable中显示一组性别。数据的结构是 R_data7_2.dta，必须是长类型(如dta)。如果是wide type，则需要使用stack命令将其转换为long type。Stata命令和执行结果如下:

```
. use R_data7_2, clear

. ranksum age, by(gender)

Two-sample Wilcoxon rank-sum (Mann-Whitney) test

      gender |      obs    rank sum    expected
-------------+---------------------------------
           0 |       54      3063.5        2997
           1 |       56      3041.5        3108
-------------+---------------------------------
    combined |      110        6105        6105

unadjusted variance    27972.00
adjustment for ties     -164.95
                     ----------
adjusted variance      27807.05

Ho: age(gender==0) = age(gender==1)
             z =   0.399
    Prob > |z| =   0.6900
```

由于 Wilcoxon rank-sum (Mann-Whitney) test 威尔科克森检验也被称为(Mann-Whitney) 检验。最后的检验统计为$z = 0.399$。因为p值(0.69)大于0.05，所以在5%显著水平上接受原假设，即:男女的年龄分布是相同的。

威尔(Wilcoxon rank-sum)检验统计量的计算如下:首先将110人的年龄按升序排列，然后从1到110进行排序。如果年龄相同，则进行平均排名。然后将这些序列分为男女两组，并计算每组的排名和(rank- sum)。由上面的结果计算，女子(0)组的排名和(rank- sum为3063.5，男子(1)组的顺位和为3041.4。在计算排名和同时，还计算期望顺位和。假设归零假设(两组的分布相同)是对的，作为各组的顺位和预计值，计算如下:

$$女子组\ 期待排名=\frac{n_f(n+1)}{2}$$

$$男子组\ 期待排名=\frac{n_m(n+1)}{2}$$

在此，n_f和n_m分别为男性和女性，以及$n = n_f + n_m$总体样本量。威尔考克森秩和(Wilcoxon rank-sum)检验统计量如下：

$$Z = \frac{R_1 - E(R_1)}{\sqrt{var(R_1)}} \sim N(0,1)$$

在这里，R_1是第一组的排名和，$E(R_1)$是女子组的期望排名和，$var(R_1)$是女子组排名和调整方差(adjusted variance)。结果是$R_1 = 3063.5$，$E(R_1) = 2997$，$var(R_1) = 27807.05$。如果您使用它直接计算检验统计量，则可以与前面的$z = 0.399$相一致。

```
. di (3063.5-2997)/sqrt(27807.05)
0.39878993
```

kdensity命令可以用非参数的方法绘制两组经验的分布函数。命令语和执行结果如下：

```
. twoway (kdensity age if gender==0, kernel(gaussian)) (kdensity age if
  gender==1, kernel(gaussian) lpattern(longdash)), legend(order(1 "female" 2
  "male"))
```

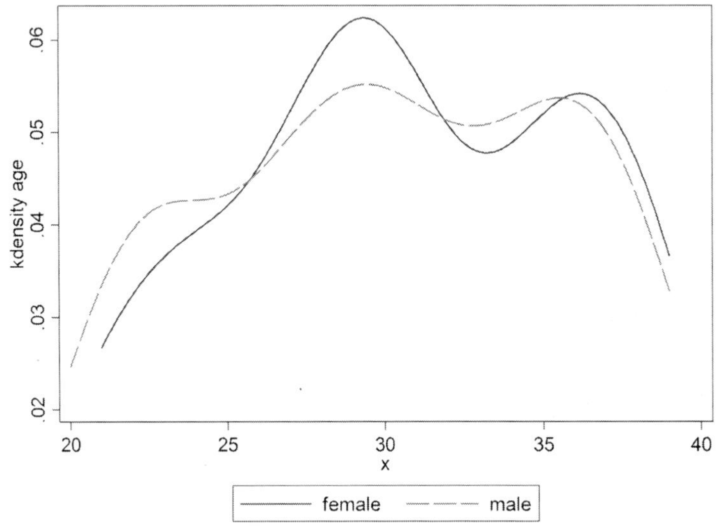

从上图可以看出，女性和男性这两组人的年龄分布是相当相似的。

7.3 Wilcoxon signed rank-sum 检验

当两组样本彼此独立时，可使用前一节威尔 · 考克森秩和(Wilcoxon rank-sum)检验。如果两个组之间的样本不是彼此独立的，例如配对数据，则使用威尔科克森符号秩和(英语:Wilcoxon signed rank-sum)检验。

在示例数据文件r_data7_3中，包含了12辆汽车在雨天和晴天分两次测量耗油量的结果。在此，雨天的里程数(mpg1)和晴天的里程数(mpg2)并不是相互独立的。这是因为两个变量的每个观测值都是成对的。Wilcoxon的signed rank-sum可以用于 Statistics > Summaries, tables and tests > Nonparametric tests of hypotheses > Wilcoxon matched-pairs signed-rank test。对话窗如下:

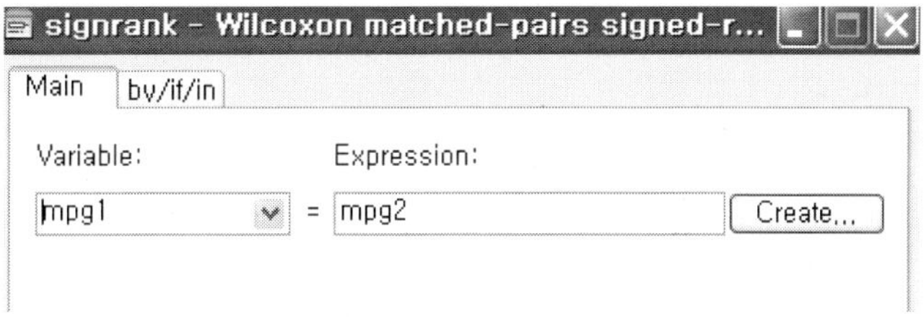

在对话窗口的Variable中选择mpg1，在表达式中选择mpg2变量。与前一章排名和检验不同，符号排名检验要求数据结构是wide type。Stata命令和执行结果如下:

```
. use R_data7_3, clear

. signrank mpg1 = mpg2

Wilcoxon signed-rank test

        sign |      obs   sum ranks    expected
-------------+---------------------------------
    positive |        3        13.5        38.5
    negative |        8        63.5        38.5
        zero |        1           1           1
-------------+---------------------------------
         all |       12          78          78
```

```
unadjusted variance      162.50
adjustment for ties       -1.63
adjustment for zeros      -0.25
                      ----------
adjusted variance        160.63

Ho: mpg1 = mpg2
             z =  -1.973
    Prob > |z| =   0.0485
```

最后的检验统计量为 $z = -1.973$。由于p值(0.04)小于0.05，在5%显著水平上拒绝原假说，即:雨天和晴天的里程数有所不同。

威尔考克森码位和检验(Wilcoxon signed rank-sum)统计量计算如下:首先求出两个样本的各对(如1号车雨天耗油量和晴天耗油量)之间的差，然后在其中取绝对值，以此为基准进行排序。如果没有差异(即绝对值为0)，则排除在外。在上面的例子中，因为12个组中有1个是无差异的，所以将它们排列到1 - 11。

然后，将所有排序组分成正(+)组和负(-)组，其中正的组为差异为(+)的组，负的组为差异为(-)的组。正组的所有个体的顺序的总和是 W^+，负组的所有个体的顺序的总和是 W^-。威尔 · 考克森的序号排名和(Wilcoxon signed rank-sum)统计量如下:

$$Z = \frac{W^+ - E(W^+)}{\sqrt{var(W^+)}} \sim N(0,1)$$

其中，$E(W^+)$和$var(W^+)$是在原假设下的排名和期待值和调整方差(adjusted variance)。结果是 $W^+ = 13.5$，$E(W^+) = 38.5$，$var(W^+) = 160.63$。如果您使用它直接计算检验统计量，则可以得到与前面的结果 $z = -1.973$相一致。

```
. di (13.5-38.5)/sqrt(160.63)
-1.9725439
```

Tip 7.1 ● egen的 rank 函数

使用egen指令和rank函数计算排名和是很方便的。在本节的例题中计算一下符号顺位和(Wilcoxon signed rank-sum)。首先，求出每个配偶之间的差异，然后生成一个绝对值变量(diff变量)。

```
. gen diff=mpg1-mpg2
. replace diff=abs(diff)
(8 real changes made)
```

对diff变量使用rank函数，按照egen命令自动生成排名变量，如下所示:

```
. egen diff_rank = rank(diff)
```

第一章中描述的total指令对于计算正(W^+)排名和和负(W^-)排名和非常有用。

```
Total estimation                    Number of obs    =       3

--------------------------------------------------------------
             |      Total   Std. Err.     [95% Conf. Interval]
-------------+------------------------------------------------
   diff_rank |       13.5   3.464102     -1.404826    28.40483
--------------------------------------------------------------

. total diff_rank if mpg1<mpg2

Total estimation                    Number of obs    =       8

--------------------------------------------------------------
             |      Total   Std. Err.     [95% Conf. Interval]
-------------+------------------------------------------------
   diff_rank |       63.5   8.926285      42.39269    84.60731
--------------------------------------------------------------
```

上面计算的顺位和和前面的威尔科克森符号顺位和结果完全一致。

Tip 7.2 ● compare 命令语

我们希望在一个配对的例子(雨天和晴天)中比较每个配对的大小。举例来说，在一个家庭调查数据中，将每个家庭的父亲和母亲的教育水平作为配对标本，计算出有多少家庭的父亲教育水平更高。另一个例子是，从10名学生的托业成绩数据中，计算出有多少学生在每名学生的初试和复试成绩中取得了更好的成绩。在这种情况下，compare命令是有用的。命令语如下:

```
. compare mpg1 mpg2
                                        ---------- difference ----------
                           count        minimum      average     maximum
------------------------------------------------------------------------
mpg1<mpg2                      8             -5       -3.375          -1
mpg1=mpg2                      1
mpg1>mpg2                      3              1            2           3
                      ----------
jointly defined               12             -5        -1.75           3
                      ----------
total                         12
```

在compare命令之后输入两个匹配示例的变量，必须只能使用两个变量。结果显示有8个配对的mpg1〈mpg2，其差值(即mpg1－mpg2)从最小值-5到最大值-1，平均值为-3.375。同样，一个mpg1=mpg2与一个mpg1〉mpg2的配对，也各有一个和三个。可见这个结果和前面的威尔科克森码位和结果是一致的。

7.4 Kruskal-Wallis rank test

威尔科克森秩和检验可以使用非参数方法比较两个样本的位置，但不能用于超过三个样本(或组)的情况。当有3个或3个以上的比较组时，主要使用Kruskal-Wallis rank检验。这类似于当有两个样本的总体平均检验使用t检验，但使用方差分析来比较三个或更多组的总体平均。克鲁斯卡尔-华莱士检验也使用观测值的排序来计算检验统计。

示例数据文件 R_data7_4.dta统计了美国50个州的人口统计。其中，region是一个变量(NE，N Central，South，West)区分各个州的哪个地区，而medage变量则表示每个地区人口的中位数年龄，想要了解的是四个地区的年龄是否相同(即分布是否相同)。

为了执行Kruskal-Wallis检验，可以选择 Statistics > Summaries，tables and tests > Nonparametric tests of hypotheses > Kruskal-Wallis rank test，执行对话窗如下：

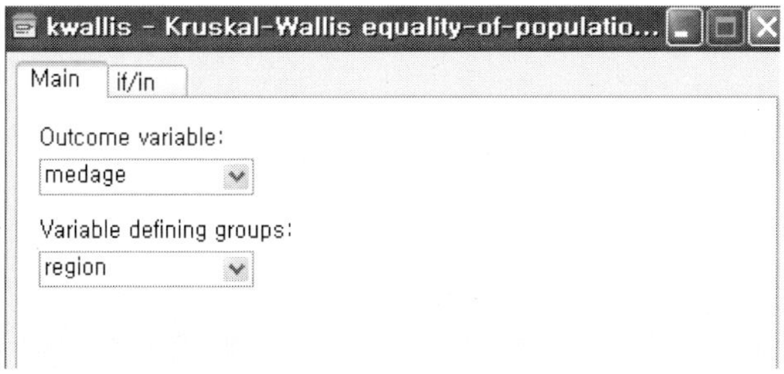

在对话窗口的Outcome variable中选择连续型变数medage，在variable defining groups中选择区分类别变量的region。该命令文及执行结果如下:

```
. use R_data7_4, clear

. kwallis medage, by(region)

Kruskal-Wallis equality-of-populations rank test

  +---------------------------+
  | region   | Obs | Rank Sum |
  |----------+-----+----------|
  | NE       |   9 |   376.50 |
  | N Cntrl  |  12 |   294.00 |
  | South    |  16 |   398.00 |
  | West     |  13 |   206.50 |
  +---------------------------+

chi-squared =    17.041 with 3 d.f.
probability =     0.0007

chi-squared with ties =    17.062 with 3 d.f.
probability =     0.0007
```

在这条语句中，在kwallis命令后面指定目标变量medage(中位值年龄)，并在选项中使用by( )。因为by( )选项括号中的region变量是4个类别的变量，故检验这4个类别的年龄分布是否相等。由于检验统计量的p值(0.00)小于0.01，故在1%显著水平上驳回原假设，即:四个地区的年龄分布相同。

为了计算crush - wallace顺位统计量，首先对目标变量medage的全部观测值进行排序，然后计算每组的排序和(rank sum)。检验统计量如下:

$$\chi^2 = \left[\frac{12}{n(n+1)}\sum_{i=1}^{k}\frac{T_i^2}{n_i}\right] - 3(n+1) \sim \chi^2(k-1)$$

其中，n为总样本量，T_i为每组的顺位和，n_i为每组的样本量，k为region变量的类别个数。背面检验统计量与卡方检验分布一致。自由度是$k-1=4-1=3$。

7.5 中位数 检验

与前一节的crush - wallace检验一样，中位数检验(median test)是一种在三个或三个以上样本时比较总体位置的方法。检验k的样本的中位数是否来自同一个的总样本人群。原假设和研究假设分别是:

H_0 : $M_1 = M_2 = \cdots = M_k$

H_1 : 至少有一个中值不同

这里M_i是各组样本的中位数。使用与前一节相同的示例数据文⊡R_data7_4.dta来执行中值检验。选择菜单中的 Statistics > Summaries, tables and tests > Nonparametric tests of hypotheses > k-sample equality-of-medians test。

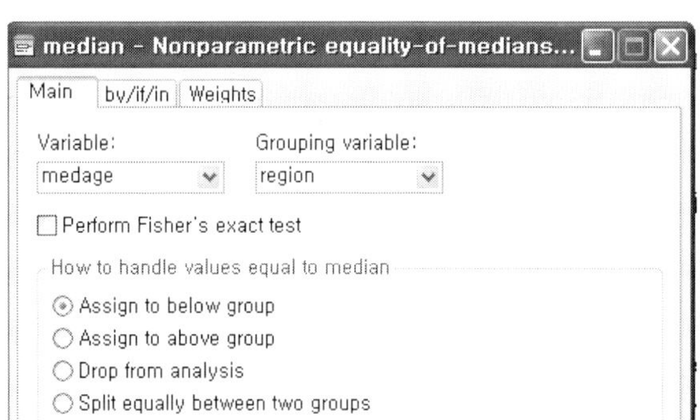

在对话窗口的变量中，选择medage为对象变量；然后在Grouping变量中，选择region为类别型变量。Stata命令和执行结果如下:

```
. use R_data7_4, clear

. median medage, by(region) medianties(below)

Median test

   Greater |
  than the |                  Census region
    median |        NE     N Cntrl       South        West |     Total
-----------+--------------------------------------------+----------
        no |         1           7           8           9 |        25
       yes |         8           5           8           4 |        25
-----------+--------------------------------------------+----------
     Total |         9          12          16          13 |        50

          Pearson chi2(3) =   7.7009   Pr = 0.053
```

要计算中位值检验统计量，首先计算总样本的中位值(例题为29.75)，然后分为年龄大于中位的观测值和年龄小于中位的观测值，按4组计算频率。以上结果显示，在NE类别的9个观测中，有1个年龄大于29.75，有8个年龄小于29.75。在上面的语句中，medianties(below)选项的意思是，如果某项观察等于全部中位值，请将其包含在低于中位值的样本中。可直接计算上面的二元频度表的命令语和结果如下：

```
. qui su medage, de

. local med=r(p50)

. gen med1=1 if region==1 & medage>`med'
(42 missing values generated)

. replace med1=0 if region==1 & medage<=`med'
(1 real change made)
. replace med1=1 if region==2 & medage>`med'
(5 real changes made)

. replace med1=0 if region==2 & medage<=`med'
(7 real changes made)

. replace med1=1 if region==3 & medage>`med'
(8 real changes made)
. replace med1=0 if region==3 & medage<=`med'
(8 real changes made)
```

```
. replace med1=1 if region==4 & medage>`med'
(4 real changes made)

. replace med1=0 if region==4 & medage<=`med'
(9 real changes made)

. tab med1 region

           |                  Census region
      med1 |        NE     N Cntrl       South        West |     Total
-----------+--------------------------------------------+----------
         0 |         1           7           8           9 |        25
         1 |         8           5           8           4 |        25
-----------+--------------------------------------------+----------
     Total |         9          12          16          13 |        50
```

如果给出类似的二元频度表，检验四个类别中位值是否一致的中位值检验，实际上就是我们在第6.2节所见的频率表的卡方检验。即2个类别型变数(region和表示相应地区的年龄是否高于全部中央值的变数med1)在统计上是否有关联。

如果你的原假设是正确的，那么med1不会因region而受到影响。因此，可以在region和med1中确定两个类别变量的独立性。上面中位数检验结果的最下面皮尔森卡方检验统计量(7.7009)与p值(0.053)，实际上与两个变量的独立性用二元频度表检验皮尔森检验统计检验一样。为了确认这一点，在tab命令中添加chi2选项的pearson kai倍积检验，如下所示：

```
. tab med1 region, chi2 exp

+--------------------+
| Key                |
|--------------------|
|     frequency      |
| expected frequency |
+--------------------+

           |                  Census region
      med1 |        NE     N Cntrl       South        West |     Total
-----------+--------------------------------------------+----------
         0 |         1           7           8           9 |        25
           |       4.5         6.0         8.0         6.5 |      25.0
-----------+--------------------------------------------+----------
```

```
          1 |         8          5          8          4 |        25
            |       4.5        6.0        8.0        6.5 |      25.0
-----------+--------------------------------------------+----------
      Total |         9         12         16         13 |        50
            |       9.0       12.0       16.0       13.0 |      50.0

          Pearson chi2(3) =   7.7009   Pr = 0.053
```

从上面的结果可以看出，和前面中值检验的结果完全一致。在检验结果中，检验统计量的p值(0.053)大于0.05，因此，在5%显著水平上接受原假设，即这4个地区的样本是从具有相同中位数的总样本中提取的。

7.6 Stata do file

```
use R_data7_1, clear
su wage
ksmirnov wage = normal((wage-r(mean))/r(sd))

cumul wage, gen(emp_wage)
qui su wage
gen theo_wage=normal((wage-r(mean))/r(sd))
twoway (line emp_wage wage, sort lpattern(longdash)) (line theo_wage wage,
sort)

tab race
recode race (1=1) (2/3=0), gen(race1)
ksmirnov wage, by( race1 )
cumul wage if race1==1, gen(wage_white)
cumul wage if race1==0, gen(wage_nonwhite)
twoway (line wage_white wage, sort lpattern(longdash)) (line wage_nonwhite
wage, sort)

use R_data7_2, clear
ranksum age, by(gender)
di (3063.5-2997)/sqrt(27807.05)
twoway (kdensity age if gender==0, kernel(gaussian)) (kdensity age if
```

```
gender==1, kernel(gaussian) lpattern(longdash)), legend(order(1 "female" 2
"male"))

use R_data7_3, clear
signrank mpg1 = mpg2
di (13.5-38.5)/sqrt(160.63)
gen diff=mpg1-mpg2
replace diff=abs(diff)
egen diff_rank = rank(diff)
total diff_rank if mpg1>mpg2
total diff_rank if mpg1<mpg2
compare mpg1 mpg2

use R_data7_4, clear
kwallis medage, by(region)

use R_data7_4, clear
median medage, by(region) medianties(below)
qui su medage, de
local med=r(p50)
gen med1=1 if region==1 & medage>`med'
replace med1=0 if region==1 & medage<=`med'
replace med1=1 if region==2 & medage>`med'
replace med1=0 if region==2 & medage<=`med'
replace med1=1 if region==3 & medage>`med'
replace med1=0 if region==3 & medage<=`med'
replace med1=1 if region==4 & medage>`med'
replace med1=0 if region==4 & medage<=`med'

tab med1 region, chi2 exp
```

CHAPTER 08 基础线性回归检验

8.1 简单线性回归模型的估计

因变量(dependent variable; y)和 自变量也叫独立变量(independent variable; x)可以用一个简单的线性回归模型(simple linear regression model)来描述。

$$y_i = \beta_0 + \beta_1 x_i + e_i$$

这里可以用参数β_0和β_1来确定x和y两个参数之间的关系。另外，e_i是表示实际观测到的y_i和模型的线性关系直线上的点$(\beta_0 + \beta_1 x_i)$的差异的误差项(error term)。

主要目标是使用给定的数据来估计不可见β_0和β_1的参数(各自$\hat{\beta}_0$和$\hat{\beta}_1$)。

如何很好地估计参数是线性回归检验最基本最关心的问题。

普通最小二乘法(OLS);最小二乘法(英语:ordinary least squares)是一种使用最广泛的估计方法，用于使其residuals(残差)的平方和的$(y_i - \hat{\beta}_0 - \hat{\beta}_1 x_i)$最小化的选择方法。在这样的条件下，由最小二乘法得到的估计量为最优线性无偏估计量(BLUE;Best Linear Unbiased Estimator)。

- (假定 1) 实际模型与估计模型一样是线性的
- (假定 2) 误差项的期待值expectation$E(e_i|x_i)$为0。这意味着$cov(x_i, e_i) = 0$。
- (假定 3) 所有误差项的条件方差是相同的(同方差性)。即$var(e_i|x_i) = \sigma^2$
- (假定 4) 两个不同的误差项e_i和e_j是彼此独立的(independent)。也就是说$cov(e_i, e_j) = 0$，误差项相互独立

在Stata中，为了最小二乘法作为线性回归的估计，同时使用regress(简称reg)的命令语来估计线性回归模型。让我们用示例数据文件 R_data8_1.dta来做一个回归分析。以food_exp为x变量，以income为y变量，估计一个简单的线性回归模型。执行

结果为:

```
. use R_data8_1, clear

. reg food_exp income

      Source |       SS       df       MS              Number of obs =      40
-------------+------------------------------           F(  1,    38) =   23.79
       Model |  190626.976     1  190626.976           Prob > F      =  0.0000
    Residual |  304505.177    38  8013.29412           R-squared     =  0.3850
-------------+------------------------------           Adj R-squared =  0.3688
       Total |  495132.153    39  12695.6962           Root MSE      =  89.517

------------------------------------------------------------------------------
    food_exp |      Coef.   Std. Err.      t    P>|t|     [95% Conf. Interval]
-------------+----------------------------------------------------------------
      income |   .1020964   .0209326     4.88   0.000     .0597205    .1444723
       _cons |   83.41601   43.41016     1.92   0.062     -4.46327    171.2953
------------------------------------------------------------------------------

. ereturn list

scalars:
                  e(N) =  40
               e(df_m) =  1
               e(df_r) =  38
                  e(F) =  23.7888405433931
                 e(r2) =  .3850022161637208
               e(rmse) =  89.51700466085804
                e(mss) =  190626.9761301105
                e(rss) =  304505.176691179
               e(r2_a) =  .3688180639575029
                 e(ll) =  -235.5088195782167
               e(ll_0) =  -245.2315518722239

macros:
            e(cmdline) : "regress food_exp income"
              e(title) : "Linear regression"
                e(vce) : "ols"
             e(depvar) : "food_exp"
                e(cmd) : "regress"
         e(properties) : "b V"
            e(predict) : "regres_p"
              e(model) : "ols"
          e(estat_cmd) : "regress_estat"

matrices:
                  e(b) :  1 x 2
                  e(V) :  2 x 2

functions:
             e(sample)
```

在reg命令后面写y变量，然后再写x变量。结果为 income Coef，也就是$\hat{\beta}_1$为0.102，$\hat{\beta}_0$为_cons Coef，等于83.4。$\hat{\beta}_1$表示x增加1单位时，会改变多少个y单位。据这一推测结果显示，收入每增加100美元，食品支出就会平均增加10.2美元；另一方面，$\hat{\beta}_0=83.4$意味着零收入家庭平均花费83.4美元在食物上。$\hat{\beta}_0$只有当x是0的时候有意义时，它才可以被解释。

在分析结果中用R-squared来表示模型的决定系数(coefficient of determination)，也叫R-squared代表模型的拟合度，也可以表示为R^2。决定系数计算如下：

$$R^2=\frac{SSR}{SST}=1-\frac{SSE}{SST}$$

在这里squared total (sum of squared total)是指总平方和，也可以称为y的变异，SSR(sum of squared regression)是解释的回归平方和，*SSE*(sum of squared error)是误差平方和。在有常数量的线性回归模型中，很容易证明总是这样$SST=SSR+SSE$。可以用ereturn list列表的结果来检查R^2值，执行命令语如下：

```
. di 1-(e(rss)/(e(rss)+e(mss)))
0.38500222
```

解释变量的个数越多，R^2就越高。这在 y与解释变量完全无关的情况下也是适用的。由于这个缺点，使用调整R-squared (adjusted R-squared)作为模型拟合度。在结果中被标记为R-squared，调正的判定系数R-squared公式如下：

$$R^2_{adj}=1-(1-R^2)\frac{n-1}{n-k-1}$$

式中，n是用于估计的样本个数，k是说明变数的个数。R^2_{adj}值常小于或等于R^2值。可以使用ereturn list的结果，按照下面的方式，检验R^2_{adj}值，如下：

```
. di 1-(1-e(r2))*((e(N)-1)/(e(N)-2))
```

```
0.36881807
```

简单线性回归模型在测定两个变数的线性关系方面，其拟合度R^2与(y, x)两个变数的相关系数密切相关，也就是说$R^2 = r^2$存在关联。其中，r^2为两个变数的样例相关系数。可以通过下面命令语言来确认:

```
. corr food_exp income
(obs=40)

             | food_exp   income
-------------+------------------
    food_exp |   1.0000
      income |   0.6205   1.0000

. return list
scalars:
                  r(N) =  40
                r(rho) =  .620485474028907

matrices:
                  r(C) :  2 x 2

. di r(rho)^2
.38500222
```

最后计算的r^2与前一个(包含常数项)简单回归模型推定结果的R^2是完全一致的。

Tip 8.1 ● 无常数项的模型R^2

考虑像下面这样一个没有常量项的模型

$$y_i = \beta_1 x_i + e_i$$

使用nocons选项来估计一个没有常量项的回归模型。

```
. reg food_exp income, nocons

      Source |       SS       df       MS              Number of obs =      40
-------------+------------------------------           F(  1,     39) =  394.28
       Model |  3377595.38     1  3377595.38           Prob > F      =  0.0000
    Residual |  334093.953    39  8566.51161           R-squared     =  0.9100
```

```
-------------+------------------------------           Adj R-squared =  0.9077
       Total |  3711689.33    40  92792.2333           Root MSE      =  92.555

------------------------------------------------------------------------------
    food_exp |      Coef.   Std. Err.      t    P>|t|     [95% Conf. Interval]
-------------+----------------------------------------------------------------
      income |    14.0122   .7056746    19.86   0.000     12.58484    15.43956
------------------------------------------------------------------------------
```

将此结果与此常数项模型的结果相比较，此数值非常高，前面R^2为0.385，而这里R^2为0.910。而在没有常数项的模型中，它们的R^2是不能相比较的，因为它们的计算方式不同。在没有常数项的模型中$SSR+SSE=SST$，上述关系可能不成立。在无常数项的情况下，R^2是这样计算的:

$$R^2_{nocon}=\frac{\Sigma\hat{y}_i^2}{\Sigma y_i^2}=1-\frac{\Sigma\hat{e}_i^2}{\Sigma y_i^2}$$

不要认为无常数项的模型和有常数项的模型的R^2计算方法一样，从而犯比较拟合度的错误。

8.2 多线性回归模型的估计

多线性回归模型(multiple linear regression model)是一个有两个以上说明变量的例子。

$$y_i=\beta_0+\beta_1x_{1i}+\beta_2x_{2i}+\cdots+\beta_kx_{ki}+e_i$$

使用示例数据文件R_data8_2.dta来进行多重回归分析。这个数据包含了美国各州的多个y变量，我们以SAT考试成绩(csat)为变量，以高中毕业生的SAT应试率(percent)和家庭收入中位数(income)为x变量，来推算一个模型。命令语和执行结果如下:

```
. use R_data8_2, clear

. reg csat  percent  income

      Source |       SS       df       MS              Number of obs =      50
-------------+------------------------------           F(  2,    47) =   84.94
       Model |  166809.926     2  83404.9632           Prob > F      =  0.0000
    Residual |  46151.4535    47   981.94582           R-squared     =  0.7833
-------------+------------------------------           Adj R-squared =  0.7741
       Total |   212961.38    49  4346.15061           Root MSE      =  31.336

------------------------------------------------------------------------------
        csat |      Coef.   Std. Err.      t    P>|t|     [95% Conf. Interval]
-------------+----------------------------------------------------------------
     percent |  -2.582867   .2347331   -11.00   0.000    -3.055089   -2.110645
      income |   .0021968   .0009402     2.34   0.024     .0003054    .0040882
       _cons |   962.2196   27.35218    35.18   0.000     907.1942    1017.245
------------------------------------------------------------------------------
```

与前一节的简单回归模型一样，可以在reg命令之后依次写下y变量和x变量。在估计结果中，percent变量的估计值−2.582意味着高中毕业生参加SAT考试的比例每增加1%，SAT成绩就会平均下降2.582分。而另一个income则是不变的。因此，在多重线性回归模型中，系数估计值的分析是在其他变数固定的情况下，用该x变量的倾斜度或斜率的概念来解释。

在上述结果中，percent和income两个变量的系数估计分别为-2.582和0.002。就这个结果能否说percent变数对y变量(即：SAT成绩)有更大的影响？ 当然，仅以x变量增加一个单位的效果比较，percent的效果更大(按绝对值计算)。但是，问题是percent变量的一个单位变化和income变量的一个单位变化具有不同的意义。percent变量中，一个单位的变化表示SAT应考率变化1%p，income变量中，一个单位的变化表示家庭年收入变化1美元。而income变数，因为金额是几万美元，其中1美元的变化是非常微小的变化，对y变量的影响也是很小的。如果此时将所有x和y变量标准化，就可以解决变量之间测量单位差异的问题(当然，在这种情况下估计系数的意义也会有所不同)。要得到标准的估计系数，可以加入beta选项。

```
. reg csat  percent  income, beta

      Source |       SS       df       MS              Number of obs =      50
-------------+------------------------------           F(  2,    47) =   84.94
       Model |  166809.926     2  83404.9632           Prob > F      =  0.0000
    Residual |  46151.4535    47   981.94582           R-squared     =  0.7833
-------------+------------------------------           Adj R-squared =  0.7741
       Total |   212961.38    49  4346.15061           Root MSE      =  31.336

------------------------------------------------------------------------------
        csat |      Coef.   Std. Err.      t    P>|t|                     Beta
-------------+----------------------------------------------------------------
     percent |  -2.582867   .2347331   -11.00   0.000                -1.017304
      income |   .0021968   .0009402     2.34   0.024                 .2160285
       _cons |   962.2196   27.35218    35.18   0.000                        .
------------------------------------------------------------------------------
```

估计结果的右下角是原始的系数的置信区间，但现在是Beta的值，这就是标准化的估计系数。它是将你用于估计的所有变量标准化后，用线性回归模型来估计的系数(在标准化估计中，不管回归模型是否有常量项结果都是一样的)。这些得到的测试值是相互比较的，因为在这个例子中，percent的测试值比income的测试值大5倍左右，所以可以说percent变量对SAT考试成绩的影响更大。可以用下面的方法直接求出结果。

```
. qui reg csat  percent  income, beta

. qui su csat if e(sample)==1
. gen csat_s=(csat-r(mean))/r(sd)

. qui su percent if e(sample)==1
. gen percent_s=(percent-r(mean))/r(sd)

. qui su income if e(sample)==1
. gen income_s=(income-r(mean))/r(sd)
(1 missing value generated)

. reg  csat_s percent_s income_s, nocons

      Source |       SS       df       MS              Number of obs =      50
-------------+------------------------------           F(  2,    48) =   86.75
       Model |  38.3810738     2  19.1905369           Prob > F      =  0.0000
```

```
    Residual |  10.6189266    48  .221227638           R-squared     =  0.7833
-------------+------------------------------           Adj R-squared =  0.7743
       Total |  49.0000004    50  .980000008           Root MSE      =  .47035

------------------------------------------------------------------------------
      csat_s |      Coef.   Std. Err.      t    P>|t|     [95% Conf. Interval]
-------------+----------------------------------------------------------------
   percent_s |  -1.017304   .0914853   -11.12   0.000    -1.201247   -.8333604
    income_s |   .2160285   .0914853     2.36   0.022      .032085     .399972
------------------------------------------------------------------------------
```

上面例子中的一系列语句都是为了标准化。即从某种变数中删除平均值，再除以标准偏差*。这样，标准化变数的平均值为0，标准偏差为1。然而，由于数据集中存在缺失的值，因此它使用了e(sample)=1的条件来标准化，而只使用回归模型估计中的观测值**。

在Stata的回归模型推定中，如果某一个体或某一时间点的某一变数的缺测值存在，即使其他变数的观测值存在该个体或某一时间点的所有观测值也会排除在推定之外。上面的示例数据集包含了美国各州的多个观测数据，对于第9个个体，即D.C.，只存在一个csat和percent的观测数据，而缺少一个income变量。因此，回归模型的估计只使用了50个州的样本，而不包括所有来自D.C.的观测。

根据casewise删除(casewise deletion，lisewise deletion)的方法，它将确定用于推断的样本。因为这不是“配对状态删除”(pairwise deletion)，所以要求用于估计的变量的相关系数，命令语必须使用casewise删除方式的corr，而不是按pairwise删除方式的pwcorr。

```
. pwcorr csat percent income

             |     csat  percent   income
-------------+---------------------------
        csat |   1.0000
     percent |  -0.8758   1.0000
```

* 为了标准化变量，也可以使用egen的std()函数

** 关于e(sample)，参见Tip 8.3

```
      income |  -0.4744   0.6786   1.0000

. corr csat percent income
(obs=50)

             |     csat  percent   income
-------------+---------------------------
        csat |   1.0000
     percent |  -0.8707   1.0000
      income |  -0.4744   0.6786   1.0000
```

Tip 8.2 ● 当对变量取对数时，解析估计的系数

假设一个模型，用自然对数(natural log)作为说明变量或因变量，如下所示：

模型 1：$\ln y = \beta_0 + \beta_1 x + e$

模型 2：$y = \beta_0 + \beta_1 \ln x + e$

模型 3：$\ln y = \beta_0 + \beta_1 \ln x + e$

在模型1中，将斜率系数$\beta_1 = \partial \ln y / \partial x$解释为$x$每增加1个单位时，斜率系数$y$会变化$(100 \times \beta_1)\%$。其次，在模型2的情况下$\beta_1 = \partial y / \partial \ln x$，如果增加1%，$y$就会发生$(\beta_1/100)$单位变化。最后，在模型3中$\beta_1 = \partial \ln y / \partial \ln x$，它与弹性概念(elasticity) 是一致的。x每增加1%，y就会发生1%的变化。将示例数据文件中的csat变量转换为对数，然后估计一个回归模型。

```
. gen ln_csat=log(csat)
. reg ln_csat percent income

      Source |       SS       df       MS              Number of obs =      50
-------------+------------------------------           F(  2,    47) =   88.08
       Model |  .186137847     2  .093068924           Prob > F      =  0.0000
    Residual |  .049662574    47  .001056651           R-squared     =  0.7894
-------------+------------------------------           Adj R-squared =  0.7804
       Total |  .235800421    49  .004812253           Root MSE      =  .03251

------------------------------------------------------------------------------
     ln_csat |      Coef.   Std. Err.      t    P>|t|     [95% Conf. Interval]
-------------+----------------------------------------------------------------
     percent |  -.0027421   .0002435   -11.26   0.000    -.0032319   -.0022522
```

```
      income |   2.42e-06   9.75e-07     2.48   0.017     4.60e-07    4.38e-06
       _cons |   6.864061   .0283736   241.92   0.000     6.806981    6.921141
------------------------------------------------------------------------------
```

结果显示，高中毕业生的SAT应试率每增加1个百分点，SAT考试成绩就会下降0.27%。

8.3 最优拟合度和残差

根据线性回归模型计算公式，y的拟合值(fitted values)如下:

$$\hat{y}=\hat{\beta}_0+\hat{\beta}_1x_1+\hat{\beta}_2x_2+\cdots+\hat{\beta}_kx_k$$

在这里，由于$\hat{y}$是$\hat{\beta}_i$概率变数的线性结合，所以也是概率变数。而残差$\hat{e}=y-\hat{y}$中e被用作误差的估计。因为在线性回归模型中误差是不可观测的，而在线性回归模型中残差是可以观察和计算的，因此在事后的分析中经常被使用。通过如下步骤可以产生残差$\hat{y}$，具体如下:

```
. reg csat percent income

      Source |       SS       df       MS              Number of obs =      50
-------------+------------------------------           F(  2,    47) =   84.94
       Model |  166809.926     2  83404.9632           Prob > F      =  0.0000
    Residual |  46151.4535    47   981.94582           R-squared     =  0.7833
-------------+------------------------------           Adj R-squared =  0.7741
       Total |   212961.38    49  4346.15061           Root MSE      =  31.336

------------------------------------------------------------------------------
        csat |      Coef.   Std. Err.      t    P>|t|     [95% Conf. Interval]
-------------+----------------------------------------------------------------
     percent |  -2.582867   .2347331   -11.00   0.000    -3.055089   -2.110645
      income |   .0021968   .0009402     2.34   0.024     .0003054    .0040882
       _cons |   962.2196   27.35218    35.18   0.000     907.1942    1017.245
------------------------------------------------------------------------------

. predict yhat
(option xb assumed; fitted values)
(1 missing value generated)

. predict ehat, resid
(1 missing value generated)
```

由此可见，为了生成残差$\hat{y}$，必须先进行推测。然后在predict命令语后面指定一个变量名(如yhat)，$\hat{y}$这个变量会被创建为predict命令。在predict命令后面指定一个变量名(ehat)，并写上residual(简称resid)作为可选的$\hat{e}_i$变量。在生成了$\hat{y}$残差之后，在下面的列表中，1 - 10个个体的csat((简$\hat{e}$) y)、yhat(简 y)和ehat(简$\hat{e}$)的值分别被计算出来。

```
. list csat yhat ehat in 1/10
     +-----------------------------+
     | csat       yhat        ehat |
     |-----------------------------|
  1. |  991   1001.965   -10.96527 |
  2. |  920   962.3282   -42.32817 |
  3. |  932   965.5681   -33.56812 |
  4. | 1005   1000.859     4.14096 |
  5. |  897   932.4681   -35.46806 |
     |-----------------------------|
  6. |  959    964.476   -5.475932 |
  7. |  897   859.8132    37.18686 |
  8. |  892   893.9464   -1.946328 |
  9. |  840          .           . |
 10. |  882      908.6   -26.60006 |
     +-----------------------------+
```

从以上结果中可以看出，csat减去yhat为ehat。残差和$\hat{y}$也可以使用在Stata中内部存储的scalter来创建。

```
. gen yhat1=_b[_cons]+_b[percent]*percent+_b[income]*income
. gen ehat1=csat-yhat1
```

这里_b[ ]表示估计的系数，在[ ]里面输入相应的变量名。在我们的例子中，_b[_cons]=962.21，_b[percent]=－2.58，_b[income]=0.0021。残差项ehat1从csat中减去 (yhat1)按公式计算。你会发现，运算的结果和前面用predict指令得到的结果是一样的。即如下所示，yhat和yhat1，以及ehat和ehat1各相等。

```
. list yhat yhat1 ehat ehat1 in 1/5
     +-------------------------------------------+
     |     yhat      yhat1       ehat      ehat1 |
     |-------------------------------------------|
  1. | 1001.965   1001.965  -10.96527  -10.96527 |
  2. | 962.3282   962.3282  -42.32817  -42.32819 |
  3. | 965.5681   965.5681  -33.56812  -33.56812 |
  4. | 1000.859   1000.859    4.14096    4.14093 |
  5. | 932.4681   932.4681  -35.46806  -35.46808 |
     +-------------------------------------------+
```

注意，估计系数的标准误差(Std)类似于_b[]所给出的估计值。估计系数的标准差(Std. Err)被存储为_se[ ]。例如，percent估计系数的标准误差0.234为_se[percent]。可以确认如下：

```
. di _se[percent]
.23473306
. di  se[income]
.00094018
```

另外，可以使用ereturn list来计算估计系数和它的标准误差。让我们先检查ereturn list，如下所示：

```
. qui reg csat percent income
. ereturn list

scalars:
                  e(N) =  50
               e(df_m) =  2
               e(df_r) =  47
                  e(F) =  84.93845746205189
                 e(r2) =  .7832872160854572
               e(rmse) =  31.33601473869788
                e(mss) =  166809.9264739172
                e(rss) =  46151.45352608286
               e(r2_a) =  .774065395493349
                 e(ll) =  -241.6384449026497
               e(ll_0) =  -279.8680043669825


-- 중략 --
```

```
matrices:
                  e(b) :   1 x 3
                  e(V) :   3 x 3

functions:
             e(sample)

. mat list e(b)

e(b)[1,3]
       percent       income        _cons
y1  -2.5828668    .00219683    962.21964

. mat list e(V)

symmetric e(V)[3,3]
            percent        income         _cons
percent   .05509961
 income  -.00014977    8.839e-07
  _cons   3.1483789    -.0247316    748.14178
```

在ereturn列表中，我们看到了两个矩阵e(b)和e(V)。如最后的mat list命令所示，e(b)是1×3估计系数行向量，e(V)是3×3估计系数共方差矩阵。因此，percent变数的估计系数和标准差可以确定为:

```
. mat def coef_mat=e(b)
. di coef_mat[1,1]
-2.5828668

. mat def var_mat=e(V)
. di sqrt(var_mat[1,1])
.23473306
```

上面的结果与之前确认的_b[percent]和_se[percent]结果完全一致。

Tip 8.3 ● e(sample)函数的意义

如前面的执行示例所示，ereturn列表结果在最后给出一个functions：e(sample)。如第8.2节所述，在Stata中，回归模型推定的样本，如果某一个体的多个观测值中某一项是缺失值，则会将该个体的所有观测值从样本中排除。这是一个e(样本)，可以告诉你所使用的估测值。下面是执行(i) reg语句、指定(ii) e(sample)为e_sample、(iii)检查其列表的命令和执行结果。

```
. qui reg csat percent income
. gen e_sample=e(sample)
. list csat percent income e_sample in 5/12

     +------------------------------------+
     | csat   percent   income   e_sample |
     |------------------------------------|
  5. | 897         47    41716          1 |
  6. | 959         29    35123          1 |
  7. | 897         81    48618          1 |
  8. | 892         61    40641          1 |
  9. | 840         71        .          0 |
     |------------------------------------|
 10. | 882         48    32027          1 |
 11. | 844         62    33819          1 |
 12. | 883         55    45248          1 |
     +------------------------------------+
```

从结果来看，变量e_sample只能由0和1组成。估计值为1，而未使用估计观测值为0的虚拟变量(dummy variable)。由此可见，由于缺少income变量，第9个个体(D.C.)被排除在估计样本中。

8.4 估计系数的显著性检验

在8.1节里，为了使OLS估计成为好的估计，提出了4种假设。在此基础上，我们再假定误差项是正态分布。

- (假设5)误差项e_i符合正态分布。即$e_i|x_i \sim N(0,\sigma^2)$。

在5个假设下，可以建立β参数的显著性检验统计量。让我们做如下的原假设(H_0)和研究假设(H_1)假设:

$$H_0 : \beta = 0$$
$$H_1 : \beta \neq 0$$

以上假设检验的检验统计量如下：

$$t = \frac{\hat{\beta}}{se(\hat{\beta})} \sim t(n-k-1)$$

$se(\hat{\beta})$是 $\hat{\beta}$的标准差，k是解释变量的个数。使用示例数据文件 R_data8_3.dta来检验估计系数的显著性水平。该数据包含了506套房屋的多个变量，我们取对数的房子价格(lprice)为y变量，并以此为4个x变量lnox、ldist、lproptax和crime等建立一个回归模型。

```
. use R_data8_3, clear

. reg lprice lnox ldist lproptax crime

      Source |       SS       df       MS              Number of obs =     506
-------------+------------------------------           F(  4,   501) =   93.46
       Model |  36.143062     4  9.0357655             Prob > F      =  0.0000
    Residual | 48.4392089   501  .096685048            R-squared     =  0.4273
-------------+------------------------------           Adj R-squared =  0.4227
       Total | 84.5822709   505  .167489645            Root MSE      =  .31094

------------------------------------------------------------------------------
      lprice |      Coef.   Std. Err.      t    P>|t|     [95% Conf. Interval]
-------------+----------------------------------------------------------------
        lnox |   -.938093   .1459205    -6.43   0.000    -1.224784   -.6514015
       ldist |  -.2203829   .0514951    -4.28   0.000    -.3215559   -.1192099
    lproptax |  -.2456268   .0509896    -4.82   0.000    -.3458066    -.145447
       crime |  -.0158604   .0019787    -8.02   0.000     -.019748   -.0119728
       _cons |   13.30539    .349259    38.10   0.000      12.6192    13.99159
------------------------------------------------------------------------------
```

例如:lnox变量的t值-6.43是该变量的Coef，如前文公式所示Std. Err.的比率。即:

```
. di -0.9380/0.1459
-6.429061
```

t检验统计量(双方对考核)p值，P>|t|。t分布的自由度为$df = n-k-1 = 506-4-1=501$。由于4个解释变量的p值都小于0.01，因此可以认为每个变量在1%水平上对住宅价格(lprice)有统计上的显著影响。

test命令可以测试每个参数，也可以进行参数联合测试(joint test)。要执行test命令，需要注意在此之前需要估计一个回归模型(即执行reg命令)。个别系数(β_1)的检验结果如下所示:

```
. test lnox
 ( 1)  lnox = 0

       F(  1,   501) =   41.33
            Prob > F =    0.0000
```

$H_0: \beta_1 = 0$这是检验假设的结果。这种假设使用t检验统计量，而使用test指令则使用F检验统计量(实际上两者的检验结果是相同的)。F检验统计量的计算如下:首先，我们可以导出有约束(restricted model)和无约束(unrestricted model)的模型。各个模型具体如下:

- **约束:** $lprice = \beta_0 + \beta_2 ldist + \beta_3 lproptax + \beta_4 crime + e$
- **无约束:** $lprice = \beta_0 + \beta_1 lnox + \beta_2 ldist + \beta_3 lproptax + \beta_4 crime + e$

在估计这些模型之后，计算F检验的统计量如下。

$$F = \frac{(RSSE - USSE)/J}{USSE/(n-k-1)} \sim F(J, n-k-1)$$

$RSSE$这里是约束模型的未解释变量的SSE(sum of squared error)，$RSSE$是非约束模型的SSE，J是原假设的约束的个数。F检验统计量的自由度为$(J, n-k-1)$，在上面例子中(1,501)，验证之前test命令语求出的F=41.33是否符合上述公式。

```
. qui reg  lprice ldist  lproptax crime
. scalar rsse=e(rss)

. qui reg  lprice lnox ldist  lproptax crime
. scalar usse=e(rss)

. di ((rsse-usse)/1)/(usse/501)
41.329409
```

最后得到的结果和test命令得到的F=41.33是一样的。在假设检验个别估计系数的显著性时，F检验统计量与t检验统计量的关系如下:

$$t^2 = F$$

事实上，对于单个估计系数，回归会自动给出t值，不需要另外进行显著性检验。test命令之所以需要，是因为它不仅可以检验参数的有效性(即参数的值是否是0)，还可以检验其他参数。首先，可以假设检验系数是否为特定的值。如果想要确定β_1值是1的话，那么你的假设是:

$$H_0 : \beta_1 = 1$$
$$H_1 : \beta_1 \neq 1$$

这是test命令F的检验结果:

```
. test lnox=1
 ( 1)   lnox = 1

       F(  1,   501) =  176.41
            Prob > F =    0.0000
```

由于F检验统计量的p值小于0.01，故在1%显著水平上驳回原假设。也就是说不能下结论“影响系数=1”。根据上面的假设的t检验的统计量为:

$$t = \frac{\hat{\beta}_1 - 1}{se(\hat{\beta}_1)} \sim t(n-k-1)$$

计算这个t值，看看它的平方和上面的F值是否一样。

```
. di ( (_b[lnox]-1)/_se[lnox] )^2
176.40733
```

test命令还允许执行参数间的联合检验。例如假设检验如下：

$$H_0: \beta_1 + \beta_2 = 1$$
$$H_1: \beta_1 + \beta_2 \neq 1$$

命令语和执行结果如下:

```
. test lnox+ldist=1
 ( 1)  lnox + ldist = 1

       F(  1,   501) =  131.05
            Prob > F =    0.0000
```

由于F检验统计量的p值小于0.01，故在1%显著水平上驳回原假设。也可以用两个(或两个以上)约束来检测。

$$H_0: \beta_1 + \beta_2 = 1, \ \beta_3 = 0$$
$$H_1: H_0\text{不是事实}$$

如果检验具有2个以上约束的原假设，请在test命令之后将每个约束括起来，命令语和执行结果如下*:

```
. test (lnox+ldist=1) (lproptax=0)
 ( 1)  lnox + ldist = 1
 ( 2)  lproptax = 0

       F(  2,   501) =  102.27
            Prob > F =    0.0000
```

* 可以把语句输入为test (lnox+ldist=1) (lproptax)。

因为以上检验的p值也小于0.01，所以在1%显著性水平上驳回原假说。即不能说两个约束同时成立。另一方面，考虑一下组合假设中如下的假定:

$$H_0 : \beta_1 = \beta_2 = \beta_3 = \beta_4 = 0$$
$$H_1 : H_0\text{不是事实}$$

除常量项外，所有估计系数均为0，并不是对某一特定系数的检验，而是对整个模型有效性的检验。test命令可能是这样的:

```
. test  lnox lproptax ldist crime
 ( 1)  lnox = 0
 ( 2)  lproptax = 0
 ( 3)  ldist = 0
 ( 4)  crime = 0

       F(  4,   501) =   93.46
            Prob > F =    0.0000
```

这是在前面给出的reg指令的回归模型估计结果的基础。这一节第一次执行的结果，在右上方得到了F(4,501)=93.46，这就是模型的有效性检验。

也可以用test parm命令来检验参数的假设。例如示例如下：

```
. testparm lnox
 ( 1)  lnox = 0

       F(  1,   501) =   41.33
            Prob > F =    0.0000
```

在testparm之后您必须只输入变量名称。如果用下面的方式输入表达式，将会得到一条错误消息。

```
. testparm lnox+ldist=1
+ invalid name
r(198);
```

如果你要检验$H_0: \beta_1 = \beta_2$，运用命令testparm，你需要使用equal选项。

```
. testparm lnox ldist, equal
 ( 1) - lnox + ldist = 0

       F(  1,   501) =    41.75
            Prob > F =    0.0000
```

在以上的用法中，可以看到testparm比test命令在用法上有一定的限制。然而，testparm的指令有时也提供了一些便利，例如：原假设检验如下。

$$H_0: \beta_1 = \beta_2 = \beta_3 = 0$$

在test和testparm命令下，假设检验的结果如下:

```
. test  lnox ldist lproptax
 ( 1)  lnox = 0
 ( 2)  ldist = 0
 ( 3)  lproptax = 0

       F(  3,   501) =   43.47
            Prob > F =    0.0000

. testparm l*
 ( 1)  lnox = 0
 ( 2)  lproptax = 0
 ( 3)  ldist = 0

       F(  3,   501) =   43.47
            Prob > F =    0.0000
```

由此可见，无论使用哪个命令，结果都是一样的。顺便说一下，比较语句的区别在于，如果使用test，则需要输入全部三个变量名，而testparm可以将变量名简化。即如前所述，在testparm后面只写l*，则意味着以l开头的所有变量(lnox，ldist，lproptax)。

8.5 运用图表的分析

估计线性回归模型后，拟合线(fitted line)或置信区间在散点图上图示，以帮助理解分析结果。让我们用示例数据文件 R_data8_1.dta来做分析。首先，让我们考虑一个只有一个被解释变量的简单线性回归模型。在这种情况下，可以直接使用twoway graph菜单，而不需要对任何回归模型进行预估。要打开对话窗，请在屏幕上方的菜单中选择“ Graphics > Twoway graphs”。在对话窗口的Plots选项上点击Create，会出现一个新的对话窗口(Plot 1)，如下所示。

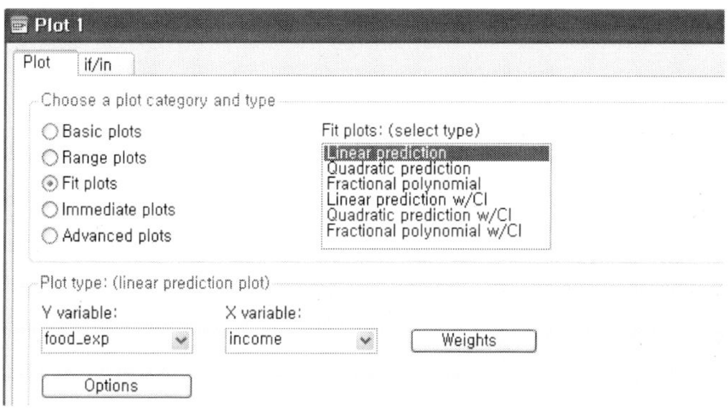

在此对话窗中，可以先选择Fit plots作为plot category，并选择Linear prediction作为其形式。变量Y可以选择food_exp，变量X可以选择income。当你点击Accept时，它会返回到Twoway graphs的Plots选项中。这一次，再次选择Create来绘制散点图。因此，在Plot 2对话窗口出现时，选择Basic plots，其形式是Scatter。

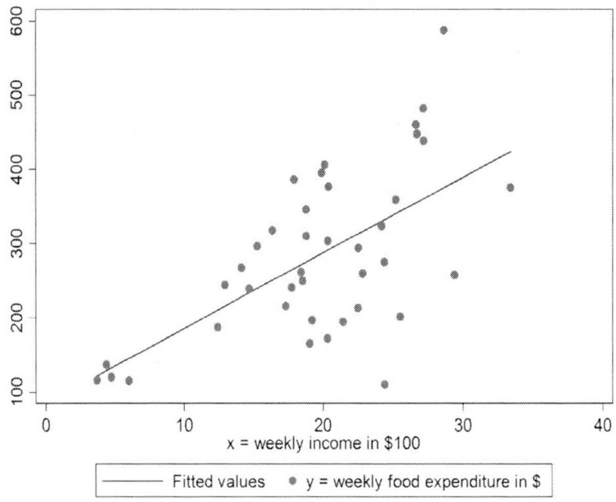

与Plot 1类似，Y variable指定一个food_exp变量，X variable指定一个income变量，单击Submit。这样，收入和支出的散点图和估计的回归式就有了图。以上命令语和执行结果如下:

```
. use R_data8_1, clear
. twoway (lfit food_exp income) (scatter food_exp income)
```

lfit是linear fitting的意思。散点图是实际的观测值，合线是根据reg指令估计的回归直线。

让我们对图做些微小的调整变化。让我们用它的95%置信区间来代替估计的回归直线。为此，在Plot 1对话窗口中选择 Linear prediction w/CI，而不是Linear prediction作为Fit plots的形式。该命令语及执行结果如下:

```
. twoway (lfitci food_exp income) (scatter food_exp income)
```

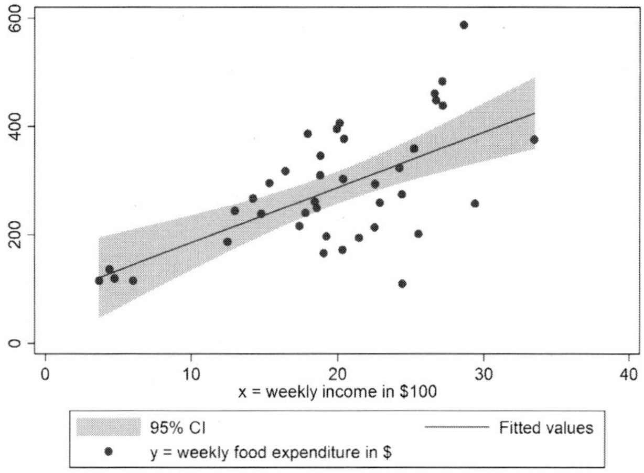

命令与前面的不同之处在于，它用的是liftci命令而不是lfit。$E(y_i)=\beta_0+\beta_1 x_i$这个置信区间意味着有95%的可能落在总体的这个置信区间内。

一个具有两个以上解释变量的多元线性回归模型，不能使用先前使用的twoway graphs的linear prediction窗口。此时，你需要将你所感兴趣的特定变量的值固定下来，才能进行进一步的分析。对于不需要说明的变量，一般用各自的样本平均数固定后得到。让我们用示例数据文件R_data8_4.dta来实现它。加入工会的工人工资模型如下:

```
. use R_data8_4, clear

. reg wage age ttl_exp tenure if union==1

      Source |       SS       df       MS              Number of obs =     100
-------------+------------------------------           F(  3,    96) =    9.85
       Model |  344.502648     3  114.834216           Prob > F      =  0.0000
    Residual |   1118.6843    96  11.6529614           R-squared     =  0.2354
-------------+------------------------------           Adj R-squared =  0.2116
       Total |  1463.18695    99  14.7796661           Root MSE      =  3.4136

------------------------------------------------------------------------------
        wage |      Coef.   Std. Err.      t    P>|t|     [95% Conf. Interval]
-------------+----------------------------------------------------------------
         age |  -.0915818    .108735    -0.84   0.402    -.3074191    .1242556
     ttl_exp |   .2169621   .0949163     2.29   0.024     .0285549    .4053694
      tenure |   .1652305   .0729762     2.26   0.026     .0203738    .3100871
```

```
      _cons |   8.118811   4.282336     1.90   0.061    -.3815576    16.61918
------------------------------------------------------------------------------
```

在这个推断中，我们想了解的是加入工会的劳动者的工龄(tenure)和工资(wage)的关系。也就是说，想了解不同工龄的工资是什么样的。因为除了工作年限，还有其他变量影响工资，我们把这些变量(即age和ttt_exp变量)的值固定在样本平均值中。在这种情况下，想求出符合工龄的工资($\hat{y}$)，可以使用在第3章中描述的margins和marginsplot命令。margins是一个指令，它使用从0到25的工龄变量的估计来计算每个工龄的因变量，即:wage变量的预测值。

```
. margins , at(tenure=(0(1)25)) atmeans noatlegend

Adjusted predictions                              Number of obs   =        100
Model VCE    : OLS

Expression   : Linear prediction, predict()

------------------------------------------------------------------------------
             |            Delta-method
             |     Margin   Std. Err.      z    P>|z|     [95% Conf. Interval]
-------------+----------------------------------------------------------------
         _at |
          1  |    7.45356   .6859693    10.87   0.000     6.109085    8.798035
          2  |   7.618791   .6237289    12.21   0.000     6.396305    8.841277
          3  |   7.784021    .564068    13.80   0.000     6.678468    8.889574
          4  |   7.949252   .5078964    15.65   0.000     6.953793     8.94471
          5  |   8.114482    .456504    17.78   0.000     7.219751    9.009214
          6  |   8.279713   .4116844    20.11   0.000     7.472826    9.086599
          7  |   8.444943   .3757968    22.47   0.000     7.708395    9.181491

--------------------------------- 중 략 ---------------------------------

         25  |   11.41909   1.205761     9.47   0.000     9.055844    13.78234
         26  |   11.58432   1.275919     9.08   0.000     9.083567    14.08508
------------------------------------------------------------------------------

. marginsplot, noci recast(line) addplot((scatter wage tenure if union==1))
legend(off)

  Variables that uniquely identify margins: tenure
```

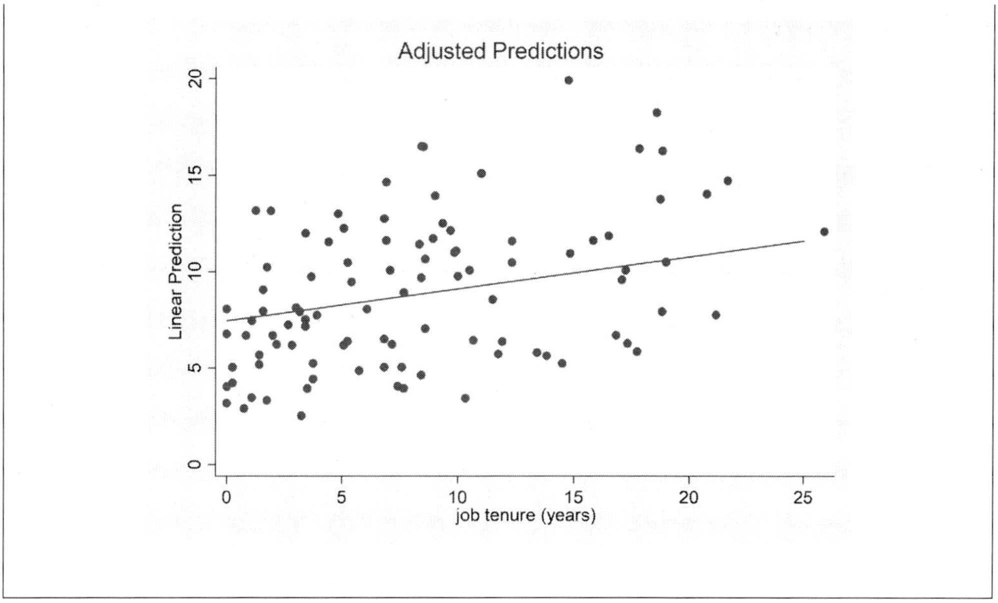

在margins语句中，选项at(tenure=(0(1)25)) 意味着计算工资的预测值，并在一年的时间内将tenure变量从0增加到25。Stata结果屏幕中的_at=1表示tenure=0， _at=26表示tenure=25。工资预测值随着tenure值的增加而增大。在回归估计中，由于tenure变数估计系数为(+)，是完全可以预料的结果。marginsplot命令给出了前面得到的margins的图像。wage预测值，设为tenure，绘制回归直线和散点图。使用addplot选项，我想在一个平面上同时绘制散点图。如上图，回归直线的斜率将是tenure变量在OLS估计结果下的估计系数0.165。

在下一个例子中，利用加入工会的样本和未加入工会的样本分别推算出回归模型。模型设置如下:

$$wage_i = \alpha^{union} + \beta_1^{union} age_i + \beta_2^{union} ttlexp_i + \beta_3^{union} tenure + e_i$$

：工会加入样本

$$wage_i = \alpha^{non} + \beta_1^{non} age_i + \beta_2^{non} ttlexp_i + \beta_3^{non} tenure + e_i$$

：工会未加入样本

根据是否加入工会的不同，分成标本并分别求出推测系数。我们利用这个结果画出一幅图，看工资标准是否会因为是否加入工会，而有什么变化。

```
. qui reg wage age ttl_exp tenure if union==0

. qui su age
. local age_mean=r(mean)
. qui su ttl_exp
. local exp_mean=r(mean)

. qui margins, at(tenure=(0(1)25) age=`age_mean' ttl_exp=`exp_mean') noatlegend

. marginsplot , noci recast(line)
  Variables that uniquely identify margins: tenure
```

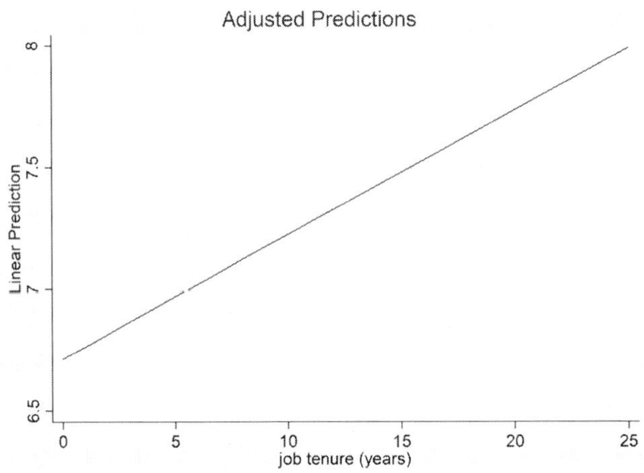


```
. qui reg wage age ttl_exp tenure if union==1

. margins , at(tenure=(0(1)25) age=`age_mean' ttl_exp=`exp_mean') noatlegend

. marginsplot , noci recast(line)
```

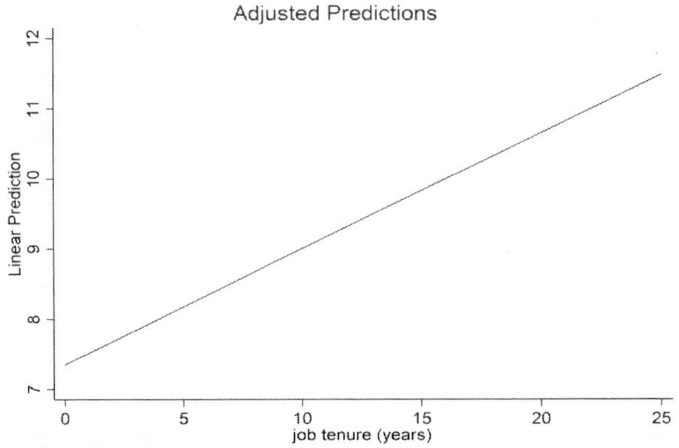

在构建合值图时，中间包含了一条命令su age和su ttl_exp，以便将其他变量(age和ttl_exp)固定在总体平均值中。每个平均值也存储在本地宏的形式。按照加入工会的样本和未加入工会的样本，在执行了reg命令之后，接着使用了margins和marginsplot命令。上面图表中的一个问题是能否把两个图表画在同一个平面上。如果能这样做的话，就可以判断随着是否加入劳动，回归直线会发生怎样的变化。

执行下面的do文件，可以在一个平面上画出两个回归直线。在下面的do文件中使用Stata的矩阵命令，但是关于它的详细说明不在本文件的范围之内*。

```
qui reg wage age ttl_exp tenure if union==0
qui su age
local age_mean=r(mean)
qui su ttl_exp
local exp_mean=r(mean)
qui margins , at(tenure=(0(1)25) age='age_mean' ttl_exp='exp_mean') noatlegend
mat def wage0=r(b)'

qui reg wage age ttl_exp tenure if union==1
qui margins , at(tenure=(0(1)25) age='age_mean' ttl_exp='exp_mean') noatlegend
mat def wage1=r(b)'

capture drop wage0
capture drop wage1
 svmat wage0, name(wage0)
rename wage01 wage0
svmat wage1,name(wage1)
rename wage11 wage1

capture drop tenure_p
gen tenure_p=_n-1   in 1/26

twoway (line wage0 tenure_p, sort) (line wage1 tenure_p, sort), scheme(s2mono)
```

在上面的do文件中，最后一条twoway语句生成的图如下。wage0为加入工会工人的预期工资，wage1为加入工会工人的预期工资。

* 关于Stata中矩阵运算的基本指令的说明，参见闵仁植(2012)

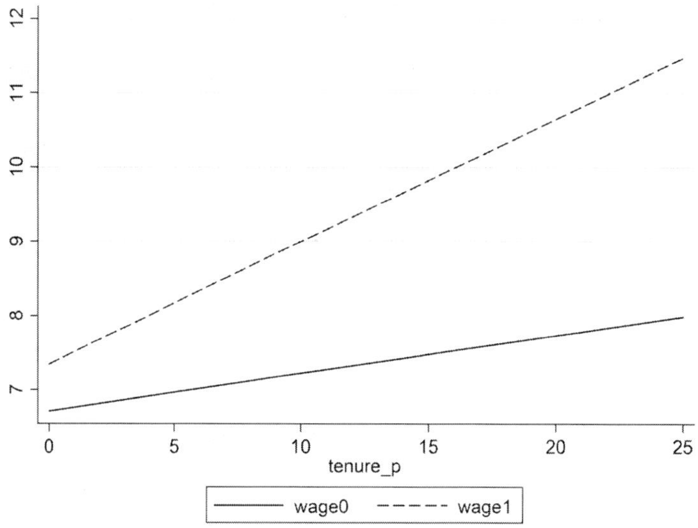

画中可以看出其他条件(age和ttl _ exp)相同的时候,加入工会的劳动者一方工龄一年增加工资的增长幅度(即直线的斜率)更大; 工龄相同的情况下,加入工会的劳动者的工资高得多的出现。

8.6 创建估计结果表

在Stata中, 回归分析的执行结果会显示在Results屏幕上。要复制这些结果并在文章中或在microsoft Word中使用, 需要大量的编辑工作, 但是有一种方法可以更简单地执行。也就是说, 如果使用特定命令, 则可以将Results画面的推测结果直接作为论文或报告书的一部分使用。这里讨论estimates table和estout指令。让我们用示例数据文件R_data8_5.dta来实现它。请看下面的命令和结果:

```
. use R_data8_5, clear

. reg lwg age wc hc inc if lwg>0

      Source |       SS       df       MS              Number of obs =     731
-------------+------------------------------           F(  4,   726) =   34.52
       Model |     29.2399     4  7.30997501           Prob > F      =  0.0000
    Residual |  153.759787   726   .21179034           R-squared     =  0.1598
-------------+------------------------------           Adj R-squared =  0.1552
```

```
      Total |  182.999687   730  .250684503            Root MSE      =  .46021

------------------------------------------------------------------------------
        lwg |      Coef.   Std. Err.      t    P>|t|     [95% Conf. Interval]
-------------+----------------------------------------------------------------
        age |   .0014282   .0021532     0.66   0.507     -.002799    .0056553
         wc |   .4286778   .0452609     9.47   0.000       .33982    .5175357
         hc |   .0271142   .0433457     0.63   0.532    -.0579837    .1122121
        inc |    .000249   .0015837     0.16   0.875    -.0028603    .0033583
      _cons |   .9531833   .0966086     9.87   0.000     .7635179    1.142849
------------------------------------------------------------------------------

. estimates table

----------------------------
    Variable |    active
-------------+--------------
         age |  .00142817
          wc |  .42867784
          hc |  .02711422
         inc |  .00024902
       _cons |  .95318333
----------------------------
```

如前所述，先估计一个回归模型，然后输入estimates table的命令，就可以将之前执行的回归分析结果中的变量名和估计系数做成表格的形式。当然，如果您想要将此结果直接作为论文或报告的一部分使用是不够的，但在此命令中增加几个选项可以使表格更精练。让我们看看下面两个例子：

```
. estimates table, b(%9.3f) se(%9.3f) stats(r2) stfmt(%9.2f)

--------------------------
    Variable |   active
-------------+------------
         age |     0.001
             |     0.002
          wc |     0.429
             |     0.045
          hc |     0.027
             |     0.043
         inc |     0.000
             |     0.002
       _cons |     0.953
             |     0.097
-------------+------------
          r2 |      0.16
```

```
-------------------------
              legend: b/se

. estimates table, b(%9.3f) stats(r2) stfmt(%9.2f) star(0.01 0.05 0.1)

----------------------------
    Variable |     active
-------------+--------------
         age |     0.001
          wc |     0.429***
          hc |     0.027
         inc |     0.000
       _cons |     0.953***
-------------+--------------
          r2 |      0.16
----------------------------
legend: * p<.1; ** p<.05; *** p<.01
```

让我们看看结果中的第一条命令。有几种选择:首先是b(%9.3f)将估计系数的小数点调整到三位数，而se(%9.3f)可以同时显示估计系数和它的标准差。stats()也表示在ereturn list中以尺度形式存储的估计值，括号中的r2表示R^2。最后，stfmt(%9.2f)指定了stats( )导入的估计格式(format)。

前面结果的第二条命令语句和第一条有些不同，因为可以看到选项的最后一个是star选项。这是为了用*来标记推测系数的有效与否。star(0.01~0.05~0.1)的意思是:将1%显著性水平用***表示，将5%显著性水平用**表示，将10%显著性水平用*表示。如果只给star选项而不加括号的话，将会显示0.1%、1%和5%这三种默认的显著度。需要注意的是，star选项不能与se( )、p( )、t( )等同时使用。这导致在后面第二条语句中删除了se( )选项。

如果你在前面假设出一个模型，然后，将其结果整理成一张表，那么你可能希望在估计出两个以上的模型之后，再将其整理成一张表。然后，使用estimates store命令。请看下面的命令和结果:

```
. qui reg lwg age wc hc inc if lwg>0
. estimates store model1

. qui reg lwg age wc hc if lwg>0
. estimates store model2

. estimates table model1 model2, stats(r2) b(%9.3f) style(column)

+-------------------------------------+
|     Variable |   model1  |  model2   |
|--------------+-----------+-----------|
|          age |    0.001  |    0.001  |
|           wc |    0.429  |    0.429  |
|           hc |    0.027  |    0.029  |
|          inc |    0.000  |           |
|        _cons |    0.953  |    0.956  |
|--------------+-----------+-----------|
|           r2 |    0.160  |    0.160  |
+-------------------------------------+
```

如前所述，第一个语句是在4个被说明变量(age，wc，hc，inc)下预估lwg。然后使用estimates store命令将这个结果保存为model1。这次它估计了inc之外的三个说明变量(age，wc，hc)，并使用estimates store以model2的名称保存下来。最后，使用estimates table命令列出保存的结果。style(column)是上例中的最后一个选项，可用来分隔表中的每一列(column)。

现在来介绍一下estout命令的用法。estout指令是最先进的回归估计结果的指令形式。这个命令的优点在于，可以按照自己的意愿自由创建表格，但是有很多选项不容易正确使用。要使用该指令，首先需要通过网络下载相关程序。findit estout，然后Web resources…请选择合适的程式包来下载程式。安装完成后，执行下面的命令:

```
. qui reg lwg age wc hc inc if lwg>0

. estout, cells(b(star fmt(%9.3f)) se(par fmt(%9.3f))) starlevels(* 0.1 ** 0.05
*** 0.01) legend

----------------------------
                      b/se
----------------------------
age                  0.001
```

```
                   (0.002)
wc                   0.429***
                   (0.045)
hc                   0.027
                   (0.043)
inc                  0.000
                   (0.002)
_cons                0.953***
                   (0.097)
----------------------------
* p<0.1, ** p<0.05, *** p<0.01
```

我们在estout语句中使用了几个选项:首先 cells( ) 选项括号内的b可以显示估计系数，b可以显示标准误差。在b( )中，star表示在估计系数旁边显示一个显著程度，而fmt则表示格式化。在se( )中，par是用括号表示标准误差的语句。starlevels() 是用来指定有效性程度的。最后，legend选项意味着在表的最后一行给出显著性水平的图例。

也可以直接将estout命令的执行结果保存到文件。要将前面结果中的表格以example1.rtf的名称保存到C目录中，需要在estout之后插入"using c:\example1.rtf"。

```
. estout using c:\example1.rtf, cells(b(star fmt(%9.3f)) se(par fmt(%9.3f)))
  starlevels(* 0.1 ** 0.05 *** 0.01) legend
```

举例来说，这是将一个两个或两个以上的结果合成一张表的示例:

```
. qui reg lwg age wc hc inc if lwg>0
. estimates store reg1

. qui reg lwg age wc hc if lwg>0
. estimates store reg2

. estout reg1 reg2 , cells(b(star fmt(%9.3f)) se(par fmt(%9.3f))) starlevels(*
0.1 ** 0.05) legend stats(r2, fmt(%9.2f))

--------------------------------------------
                      reg1          reg2
                      b/se          b/se
--------------------------------------------
age                  0.001         0.001
```

```
                 (0.002)        (0.002)
wc                 0.429**        0.429**
                 (0.045)        (0.045)
hc                 0.027          0.029
                 (0.043)        (0.042)
inc                0.000
                 (0.002)
_cons              0.953**        0.956**
                 (0.097)        (0.095)
--------------------------------------------
r2                  0.16           0.16
--------------------------------------------
* p<0.1, ** p<0.05
```

也可以使用estimates store将估计结果分别保存为reg1和reg2，然后在estout语句中写出这些名称。需要注意的是，我们使用了stats(r2, fmt(%9.2f))选项使R^2填入表格，在这里，必须在r2和fmt( ) 之间输入一个逗号。

8.7 Stata do file

```
use R_data8_1, clear
reg food_exp income
ereturn list
di 1-(e(rss)/(e(rss)+e(mss)))
di 1-(1-e(r2))*((e(N)-1)/(e(N)-2))

corr food_exp income
return list
di r(rho)^2
reg food_exp income, nocons

use R_data8_2, clear
reg csat  percent  income
reg csat  percent  income, beta

qui reg csat  percent  income, beta
qui su csat if e(sample)==1
gen csat_s=(csat-r(mean))/r(sd)
```

```
qui su percent if e(sample)==1
gen percent_s=(percent-r(mean))/r(sd)
qui su income if e(sample)==1
gen income_s=(income-r(mean))/r(sd)
reg  csat_s percent_s income_s, nocons

pwcorr csat percent income
corr csat percent income

gen ln_csat=log(csat)
reg ln_csat percent income

reg csat percent income
predict yhat
predict ehat, resid
list csat yhat ehat in 1/10
gen yhat1=_b[_cons]+_b[percent]*percent+_b[income]*Income
gen ehat1=csat-yhat1
list yhat yhat1 ehat ehat1 in 1/5
di _se[percent]
di _se[income]

qui reg csat percent income
ereturn list
mat list e(b)
mat list e(V)

mat def coef_mat=e(b)
di coef_mat[1,1]
mat def var_mat=e(V)
di sqrt(var_mat[1,1])

qui reg csat percent income
gen e_sample=e(sample)
list csat percent income e_sample in 5/12

use R_data8_3, clear
reg lprice lnox ldist lproptax crime
```

```
di -0.9380/0.1459
test lnox

qui reg  lprice ldist  lproptax crime
scalar rsse=e(rss)
qui reg  lprice lnox ldist  lproptax crime
scalar usse=e(rss)
di ((rsse-usse)/1)/(usse/501)

test lnox=1
di ( (_b[lnox]-1)/_se[lnox] )^2
test lnox+ldist=1
test (lnox+ldist=1) (lproptax=0)
test  lnox lproptax ldist crime
testparm lnox
testparm lnox ldist, equal
test  lnox ldist lproptax
testparm l*

use R_data8_1, clear
twoway (lfit food_exp income) (scatter food_exp income)
twoway (lfitci food_exp income) (scatter food_exp income)

use R_data8_4, clear
reg wage age ttl_exp tenure if union==1
margins , at(tenure=(0(1)25)) atmeans noatlegend
marginsplot, noci recast(line) addplot((scatter wage tenure if union==1))
legend(off)

qui reg wage age ttl_exp tenure if union==0
qui su age
local age_mean=r(mean)
qui su ttl_exp
local exp_mean=r(mean)
qui margins, at(tenure=(0(1)25) age=`age_mean' ttl_exp=`exp_mean') noatlegend
marginsplot , noci recast(line)
qui reg wage age ttl_exp tenure if union==1
```

```
margins , at(tenure=(0(1)25) age=`age_mean' ttl_exp=`exp_mean') noatlegend
marginsplot , noci recast(line)

qui reg wage age ttl_exp tenure if union==0
qui su age
local age_mean=r(mean)
qui su ttl_exp
local exp_mean=r(mean)
qui margins , at(tenure=(0(1)25) age='age_mean' ttl_exp='exp_mean')
noatlegend
mat def wage0=r(b)'

qui reg wage age ttl_exp tenure if union==1
qui margins , at(tenure=(0(1)25) age='age_mean' ttl_exp='exp_mean') noatlegend
mat def wage1=r(b)'

capture drop wage0
capture drop wage1
svmat wage0, name(wage0)
rename wage01 wage0
svmat wage1,name(wage1)
rename wage11 wage1

capture drop tenure_p
gen tenure_p=_n-1  in 1/26

twoway (line wage0 tenure_p, sort) (line wage1 tenure_p, sort), scheme(s2mono)

use R_data8_5, clear
reg lwg age wc hc inc if lwg>0
estimates table
estimates table, b(%9.3f) se(%9.3f) stats(r2) stfmt(%9.2f)
estimates table, b(%9.3f) stats(r2) stfmt(%9.2f) star(0.01 0.05 0.1)
qui reg lwg age wc hc inc if lwg>0
estimates store model1
qui reg lwg age wc hc if lwg>0
estimates store model2
estimates table model1 model2, stats(r2) b(%9.3f) style(column)
```

```
findit estout
qui reg lwg age wc hc inc if lwg>0
estout, cells(b(star fmt(%9.3f)) se(par fmt(%9.3f))) starlevels(* 0.1 ** 0.05
*** 0.01) legend
estout using c:\example1.rtf, cells(b(star fmt(%9.3f)) se(par fmt(%9.3f)))
starlevels(* 0.1 ** 0.05 *** 0.01) legend
qui reg lwg age wc hc inc if lwg>0
estimates store reg1
qui reg lwg age wc hc if lwg>0
estimates store reg2
estout reg1 reg2 , cells(b(star fmt(%9.3f)) se(par fmt(%9.3f))) starlevels(*
0.1 ** 0.05) legend stats(r2, fmt(%9.2f))
```

CHAPTER 09 虚拟变量

9.1 创建虚拟变量

在本章中，我们来了解用虚拟变量作解释变量的线性回归模型。所谓虚拟变量是0和1数值的0-1变量(zero-one variable)也称为二进制变量binary variable。变数主要是定性(qualitative)或类别(categorical)变数。例如，如果是男性为1，女性为0的性别变数，或者如果是白人为1，不是白人为0的人种变数就是代表性的例子。要使用虚拟变量，首先需要知道如何创建虚拟变量。在本节中，我们将了解如何使用命令tab和xi创建虚拟变量。使用数据文件R_data9_1.dta执行下面的tab语句。

```
. use R_data9_1, clear

. tab race
   1=white, |
   2=black, |
    3=other |      Freq.     Percent        Cum.
------------+-----------------------------------
          1 |      1,657       72.93       72.93
          2 |        589       25.92       98.86
          3 |         26        1.14      100.00
------------+-----------------------------------
      Total |      2,272      100.00

. tab race, gen(dum_race)
   1=white, |
   2=black, |
    3=other |      Freq.     Percent        Cum.
------------+-----------------------------------
          1 |      1,657       72.93       72.93
          2 |        589       25.92       98.86
          3 |         26        1.14      100.00
------------+-----------------------------------
      Total |      2,272      100.00
```

如上面第一个语句所示，原始tab命令是一个显示每个类别变量(这里为race)的频率的命令。结果显示，在2272个个体中有一个是白种人;白人为1657名，黑人为2名;其中，black为589人，其他为3人;other）26人。有了这样的数据后，tab命令语可以轻松地创建与race变量相关的虚拟变量。前面这条命令语就说明了这一点。这意味着将变量名称写在tab之后，将gen()作为选项，将在gen的括号内创建虚拟变量。我们可以看到，在Variables窗口中创建了变量dum_race1、dum_race2和dum_race3。dum_race1是白人-1，黑人其他-0的虚拟变量;dum_race2是黑人-1，白人其他-0;dum_race3是白人-1，白人黑人-0。

还可以使用xi命令创建虚拟变量。首先，执行db xi命令，执行下面的对话窗口:

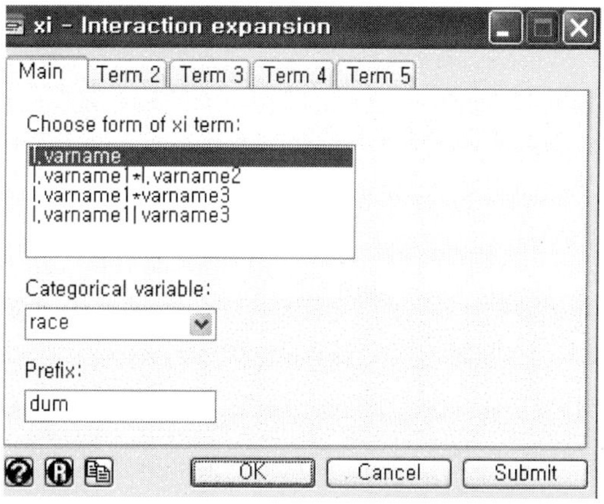

从对话窗口中的Choose form of xi中选择i.varname，从Categorical variable中选择race变量。Prefix也是一个以前缀命名将要创建的虚拟变量的地方，例如，输入dum。执行结果为:

```
. xi i.race, prefix(dum)
I.race          dumrace_1-3        (naturally coded; dumrace_1 omitted)
```

这将在Variables窗口中创建dumrace_2和dumrace_3变量。这些变量是两个race值为2的假变量，三个race值为1。在这里没有创建dumrace_1变量，因为像race变量一样有三个类别(白人，黑人，等等)，回归模型只能使用比类别数少一个的两个假变量作为解释变量。如果出于某种原因，想要同时创建这三个虚拟变量，请添加如下noomit选项。

```
. xi i.race, prefix(dum) noomit
```

这将在Variables窗口中创建三个虚拟变量:dumrace_1、dumrace_2和dumrace_3。

其中有一个变量interaction variable。交互变量可以是类别变量，也可以是连续变量。首先，让我们看一看由类别变量组成的相互作用变量。在示例数据集中，race变量有3种类别(白人，黑人，等等)，msp变量有2种类别(是否有配偶)。这两个变量都是3×2=6。xi对话窗可以统一生成这些变量。前面见xi对话窗Choose form…在i.varnam1*i.varname2选择，然后如果有两个选项选择Categorical variable，则从中选择race和msp变量。最后，在Prefix这一栏中键入dum。命令语和执行结果如下:

```
. xi i.race*i.msp, prefix(dum)
I.race          dumrace_1-3       (naturally coded; dumrace_1 omitted)
I.msp           dummsp_0-1        (naturally coded; dummsp_0 omitted)
I.race*I.msp    dumracXmsp_#_#    (coded as above)
```

Variables窗口可以显示上面命令语的执行情况。race变量会被生成两个虚拟变量(dumrace_2，dumrace_3)，msp变量会被生成一个虚拟变量(dummsp_1)，还有两个交互变量dumracxmsp_2_1和dumracxmsp_3_1)，它们是每个虚拟变量的乘积。只创建了2个交互变量，而不是6个，这是因为在xi命令中，每个变量创建的虚拟变量数量少于每个变量类别的数量。因此，如果有两个类别类型变量(and in)，xi命令将会生成交互变量的数量。

$$\text{交互变量的数量} = (c_1 - 1) \times (c_2 - 1)$$

因此，对于race和msp，生成了2×1=2个的交互变量。生成的变量中dumracxmsp_2_1变量指黑人(race=2)且有配偶者(msp=1)的情况。同样，变量

dumracxmsp_3_1也表示有配偶者(msp=1)，但race=3。

你可以将类别变量和连续变量结合起来，创建交互变量。在xi对话窗口Choose form…切换 i.varname1*varname3。Categorical variable和前面一样，选择race变量，如果有Continuous variable，请选择一个ttt_exp变量，它表示工作的总年龄。命令语和执行结果如下:

```
. xi i.race*ttl_exp, prefix(dum)
I.race           dumrace_1-3        (naturally coded; dumrace_1 omitted)
I.race*ttl_exp   dumracXttl_e_#     (coded as above)
```

这将在Variables窗口中创建变量dumrace_2和dumrace_3，以及交互变量dumracXttl _e2和dumracXttl _e3。在xi对话窗口中结合类别变量和连续变量，以Choose form...选i.varname1*varname3，race和ttl _ exp选变数，执行结果和i. varname1 * varname3相似，但是有差异。这将在下一章节具体说明。

9.2 虚拟变量回归模型的估计和解释

要想估计线性回归模型的系数，还需要做出以下追加的假设。

- (假设6)包括常数项，自变量之间不存在完全线性关系(perfect linear relationship)。

让我们考虑一下下面违背假设6的模型。

$$y_i = \beta_0 + \beta_1 D_{1i} + \beta_2 D_{2i} + e_i$$

这里的D_{1i}变量是一个虚拟变量，如果第一个观察值是男性，则为1，如果第一个观察值是女性，则为0。同样，D_{2i}也是虚拟变量，如果第一个观察值是男性，则为0，如果第一个观察值是女性，则为1。在上面的$D_{1i} + D_{2i} = 1$模型中的关系总是成立的。即说明变量常数项和D_1和D_2之间存在完全的线性关系。因此无法用OLS来估计参数，这违背了假定6。解决这一问题的方法之一是在“D_1或D_2”的虚拟变量中去掉其中任何一个进行估计。

现在为了考虑包含虚拟变数的回归模型的推测和解释，让我们考虑下面的工资决定模型。

$$y = \beta_0 + \beta_1 D_2 + \beta_2 D_3 + \beta_3 x_1 + e$$

因变量y是实际工资的自然对数(ln_wage)，x_1自变量是工龄(tt_exp)，D_2是黑人1，白人或其他是 0的虚拟变数，如，其他D_3是1，白人,或黑人是0的虚拟变数。在此情况下，每个小组都成立。

$$E(y) = \begin{cases} \beta_0 + \beta_2 + \beta_1 x_1 & \text{黑人样本群组} \\ \beta_0 + \beta_3 + \beta_1 x_1 & \text{其他情况} \\ \beta_0 + \beta_1 x_1 & \text{白人样本群组} \end{cases}$$

由此可见，β_2黑人的虚拟变量的β_2系数“因”的意义是，在其他条件相同的情况下，y被影响的虚拟变量黑人组比白人组的β_2平均高出1分。x_1从图表上看、$E(y)$以横轴为轴、纵轴为轴的工资决定关系式中，黑人群体的纵轴斜率β_2比白人群体要高*。

同样，其他人种的实际工资比白人高$(100 \times \beta_3)\%$。前面提到的线性回归模型是完全为了回避关系范畴的个数比虚拟变量的个数少要纳入,这时,(不包含范畴上的例子,有白人)标准(reference)组这堆,各虚拟变量的系数和标准组和虚拟变量意味着组的差别。

现在我们来推断一下前面所看到的工资决定模型。假设数据中没有D_2，D_3虚拟变量，而是像前面看到的那样以race变量(白人-1，黑人-2，其他-3)的状态存在。使用操作符i.作为虚拟变量。在Stata中，类别变量也被称为factor variable，并且它在回归

* 因为因变量是ln(wage)，所以应以增长率为解释。参见Tip 8.2。

语句中使用操作符i.。命令语言和推定结果如下:

```
. use R_data9_1, clear

. reg ln_wage i.race ttl_exp
      Source |       SS           df       MS      Number of obs   =     2,272
-------------+----------------------------------   F(3, 2268)      =    132.44
       Model |  120.253715         3  40.0845716   Prob > F        =    0.0000
    Residual |  686.454941     2,268  .302669727   R-squared       =    0.1491
-------------+----------------------------------   Adj R-squared   =    0.1479
       Total |  806.708656     2,271  .355221777   Root MSE        =    .55015

------------------------------------------------------------------------------
     ln_wage |      Coef.   Std. Err.      t    P>|t|     [95% Conf. Interval]
-------------+----------------------------------------------------------------
        race |
          2  |  -.1827163   .0263983    -6.92   0.000    -.2344836   -.1309489
          3  |   .0405064   .1087378     0.37   0.710    -.1727296    .2537425
             |
     ttl_exp |   .0471353   .0025044    18.82   0.000     .0422242    .0520463
       _cons |   1.336392   .0340166    39.29   0.000     1.269686    1.403099
------------------------------------------------------------------------------
```

如果包含i.race，则会自动排除1个虚变量并估计模型。被排除的类别是变量值为1的类别(这里是白种人组)。根据估计结果中的虚拟变量系数估计的意义，举例来说，对race2变量估计系数－0.182的解释是，在其他条件下，即当总工作年龄(ttt_exp)相等时，黑人(race=2)的平均工资要比白人(race= 1)低18.2%。

有多个类别时，以哪个类别为基准组的问题，由模型设定者任意决定即可。你只需要选择一个参考组，并从模型中去掉相应的虚拟变量。若不使用其他步骤，则race变量值为1的白种人类别会成为参考组。如果想要一个race变量为2的黑人类别(race=2)作为标准组。使用操作符b.，可以把你想要排除的类别号写在b后面，例如race. b2。第二类为基础类(base category)。

```
. reg ln_wage b2.race ttl_exp

      Source |       SS           df       MS      Number of obs   =     2,272
-------------+----------------------------------   F(3, 2268)      =    132.44
       Model |  120.253715         3  40.0845716   Prob > F        =    0.0000
```

```
    Residual |  686.454941     2,268  .302669727   R-squared       =    0.1491
-------------+----------------------------------   Adj R-squared   =    0.1479
       Total |  806.708656     2,271  .355221777   Root MSE        =    .55015

------------------------------------------------------------------------------
     ln_wage |      Coef.   Std. Err.      t    P>|t|     [95% Conf. Interval]
-------------+----------------------------------------------------------------
        race |
          1  |   .1827163   .0263983     6.92   0.000     .1309489    .2344836
          3  |   .2232227   .1102501     2.02   0.043     .0070212    .4394242
             |
     ttl_exp |   .0471353   .0025044    18.82   0.000     .0422242    .0520463
       _cons |   1.153676   .0390518    29.54   0.000     1.077095    1.230257
------------------------------------------------------------------------------
```

由前面的结果可知，模型中去掉了黑人组虚拟变量race2，而包含了白人组虚拟变量race1。另外，race1变数的系数估计值与之前黑人组变数的模型中race2变数的系数估计值的绝对值相同，只有符号不同。这是可以理解的，和前面一样。也就是说，在其他条件相同的情况下，白人组的工资平均要比作为参考标准的黑人组高18.2%。

这次让我们来了解一下通过结合虚拟变数和连续变数来分析相互作用效果的模型。模型如下:

$$y = \beta_0 + \beta_1 D_1 + \beta_2 D_3 + \beta_3 x_1 + \beta_4 D_1 x_1 + \beta_5 D_3 x_1 + e \qquad (式\ 9.1)$$

估计上面模型的命令语和执行结果如下。交互项将类别变量和连续变量连接为#。在创建交互项时，连续变量必须指定为c.运算符。b2.race的意思是，将第二类型(黑人群体)设定为参考标准。

```
. reg ln_wage b2.race ttl_exp b2.race#c.ttl_exp

      Source |       SS           df       MS      Number of obs   =     2,272
-------------+----------------------------------   F(5, 2266)      =     79.43
       Model |  120.297066         5  24.0594131   Prob > F        =    0.0000
    Residual |   686.41159     2,266  .302917736   R-squared       =    0.1491
-------------+----------------------------------   Adj R-squared   =    0.1472
       Total |  806.708656     2,271  .355221777   Root MSE        =    .55038
```

```
------------------------------------------------------------------------------
     ln_wage |      Coef.   Std. Err.      t    P>|t|     [95% Conf. Interval]
-------------+----------------------------------------------------------------
        race |
          1  |   .1550527   .0778385     1.99   0.046     .0024106    .3076949
          3  |   .1976141   .2779255     0.71   0.477    -.3474009    .7426291
             |
     ttl_exp |   .0454988   .0049999     9.10   0.000     .0356939    .0553037
             |
race#c.ttl_exp |
          1  |   .0021888   .0057937     0.38   0.706    -.0091728    .0135503
          3  |   .0020198   .0202388     0.10   0.921    -.0376686    .0417083
             |
       _cons |   1.174455   .0674149    17.42   0.000     1.042254    1.306656
------------------------------------------------------------------------------
```

从结果中可以看出，解释变量共有5个。两个虚拟变量(race1和race3)由race变量生成，并由tt_exp变量相乘生成两个交互变量(race1#c)。ttl_exp和race3#c.ttl_exp)包含在模型中。想要了解估计系数的含义，让我们想一想:

$$E(y)=\begin{cases}\beta_0+\beta_1+(\beta_3+\beta_4)x_1 & \text{白人样本群组}\\ \beta_0+\beta_2+(\beta_3+\beta_5)x_1 & \text{其他情况}\\ \beta_0+\beta_3x_1 & \text{黑人样本群组}\end{cases}$$

与虚拟变量模型一样，模型中未包含的类别将会成为参照组。在上面的例子中，黑人群体是参考群体。从上面的公式来看，例如白人群体比黑人组的$E(y)$常数项要大(虚拟变数D_1的系数)。

另外，x_1变数的斜率比D_1交互变量的系数β_4较大。总之，虚拟变量$E(y)$变化的是截距删掉，而交互作用变量变化的是斜率。因此，当虚拟变数和相互作用变数一起进入模型时，截距删掉和斜率就会同时变化。基于这个原理，前面的估计结果tt_exp估计系数0.045表示非黑人群体x_1的斜率。也就是说，黑人群体的总工作年限每增加一年工资就增加4.5%。

交互变数IracXttl_~1的估计系数为0.002，意味着白人群体的斜率x_1比黑人大0.00

2。也就是说，以白人群体为例，总工龄每增加一年的工资增长率比黑人群体平均高出0.2个百分点(即工资增长率为4.7%)的意思[*]。

假定：虚拟变量只影响连续变量的斜率系数，建立如下模型:

$$y = \beta_0 + \beta_1 x_1 + \beta_2 D_1 x_1 + \beta_3 D_3 x_1 + e \qquad (式\ 9.2)$$

估计上面模型的指令和执行结果如下:

```
. reg ln_wage ttl_exp b2.race#c.ttl_exp

      Source |       SS           df       MS      Number of obs   =     2,272
-------------+----------------------------------   F(3, 2268)      =    130.90
       Model |   119.06797         3  39.6893232   Prob > F        =    0.0000
    Residual |  687.640686     2,268  .303192542   R-squared       =    0.1476
-------------+----------------------------------   Adj R-squared   =    0.1465
       Total |  806.708656     2,271  .355221777   Root MSE        =    .55063

------------------------------------------------------------------------------
     ln_wage |      Coef.   Std. Err.      t    P>|t|     [95% Conf. Interval]
-------------+----------------------------------------------------------------
     ttl_exp |   .0372882   .0028795    12.95   0.000     .0316415    .0429349
             |
race#c.ttl_exp |
          1  |   .0130443   .0019666     6.63   0.000     .0091878    .0169008
          3  |   .0155665   .0080335     1.94   0.053    -.0001872    .0313203
             |
       _cons |   1.292012   .0334552    38.62   0.000     1.226406    1.357618
------------------------------------------------------------------------------
```

看到上面的命令和前面的不同，排除b2.race变数。race2和race3虚拟变量不包含在race1#c中。只包含 race1#c.ttl_exp와 race3#c.ttl_exp。参见race1#c.ttl_exp变量的参数估计的解释如前所述。例如，就白人而言，总工龄每增加一年的工资增长率比黑人(3.7%)平均高出1.3个百分点(即5.0%)。

另外一种关于估计虚拟变量的方法是将所有虚拟变量包括在内，将常数项排除在外。举例来说，是这样的模型：

---

* 这个解释没有考虑到显著性水平问题。由于交互变量的估计系数是不显著的，因此在人种别变量tt_exp的斜率是不存在差异的

$$y = \beta_1 D_2 + \beta_2 D_2 + \beta_3 D_3 + \beta_4 x_1 + e$$

在此，$D_1 + D_2 + D_3 = 1$假设成立，但不违背假定6，因为常数项在解释变量中被排除。使用操作符ibn.不排除标准类别。还有在reg语句中，可以使用noconstant选项排除常量项。这个模型的指令和执行结果如下(除了有常变量的基本模型的执行结果也用来做比较)。

<模型 1> 虚拟变量全部包含，常数项排除在外

```
. reg ln_wage ibn.race ttl_exp ,noconstant

      Source |       SS           df       MS      Number of obs   =     2,272
-------------+----------------------------------   F(4, 2268)      =   6731.66
       Model |  8149.87285         4  2037.46821   Prob > F        =    0.0000
    Residual |  686.454941     2,268  .302669727   R-squared       =    0.9223
-------------+----------------------------------   Adj R-squared   =    0.9222
       Total |  8836.32779     2,272  3.88922878   Root MSE        =    .55015

------------------------------------------------------------------------------
     ln_wage |      Coef.   Std. Err.      t    P>|t|     [95% Conf. Interval]
-------------+----------------------------------------------------------------
        race |
          1  |   1.336392   .0340166    39.29   0.000     1.269686    1.403099
          2  |   1.153676   .0390518    29.54   0.000     1.077095    1.230257
          3  |   1.376899   .1124128    12.25   0.000     1.156456    1.597341
             |
     ttl_exp |   .0471353   .0025044    18.82   0.000     .0422242    .0520463
------------------------------------------------------------------------------
```

<模型 2> 仅一个虚拟变量排除，常数项包含

```
. reg ln_wage i.race ttl_exp

      Source |       SS           df       MS      Number of obs   =     2,272
-------------+----------------------------------   F(3, 2268)      =    132.44
       Model |  120.253715         3  40.0845716   Prob > F        =    0.0000
    Residual |  686.454941     2,268  .302669727   R-squared       =    0.1491
-------------+----------------------------------   Adj R-squared   =    0.1479
       Total |  806.708656     2,271  .355221777   Root MSE        =    .55015

------------------------------------------------------------------------------
     ln_wage |      Coef.   Std. Err.      t    P>|t|     [95% Conf. Interval]
-------------+----------------------------------------------------------------
        race |
          2  |  -.1827163   .0263983    -6.92   0.000    -.2344836   -.1309489
          3  |   .0405064   .1087378     0.37   0.710    -.1727296    .2537425
```

```
             |
     ttl_exp |   .0471353   .0025044    18.82   0.000     .0422242    .0520463
       _cons |   1.336392   .0340166    39.29   0.000     1.269686    1.403099
------------------------------------------------------------------------------
```

根据上面的结果，tt_exp变量的系数估计两个模型是完全相同的。此外，模型2的常数项(_cons)估计与模型1的race1系数估计完全一致。在模型1中，race1是一个白人群体的虚拟变量，在模型2中是一个被排除的虚拟变量，即参考组。在模型1中，race2－race1＝－0.1827，这个值与模型2估计的race2系数完全一致。如前所述，模型2中虚拟变量系数的含义是指在其他条件相同时该组与参考组之间的截距的$E(y)$差异。

该模型中单个变量的有效性在reg命令执行结果中给出。如果添加coeflegend选项，Stata会在内部显示一个用来存储估计系数的名字。假设race2虚拟变量的名称为2，race和race3虚拟变量名为3.race。如第8.3节所述，test或testparm命令允许参数联合检验。

```
. reg ln_wage i.race ttl_exp, coeflegend

      Source |       SS           df       MS      Number of obs   =     2,272
-------------+----------------------------------   F(3, 2268)      =    132.44
       Model |  120.253715         3  40.0845716   Prob > F        =    0.0000
    Residual |  686.454941     2,268  .302669727   R-squared       =    0.1491
-------------+----------------------------------   Adj R-squared   =    0.1479
       Total |  806.708656     2,271  .355221777   Root MSE        =    .55015

------------------------------------------------------------------------------
     ln_wage |      Coef.  Legend
-------------+----------------------------------------------------------------
        race |
          2  |  -.1827163  _b[2.race]
          3  |   .0405064  _b[3.race]
             |
     ttl_exp |   .0471353  _b[ttl_exp]
       _cons |   1.336392  _b[_cons]
------------------------------------------------------------------------------

. test 2.race 3.race

 ( 1)  2.race = 0
```

```
( 2)  3.race = 0

       F(  2,  2268) =   24.29
            Prob > F =    0.0000

. testparm i(2/3).race

 ( 1)  2.race = 0
 ( 2)  3.race = 0

       F(  2,  2268) =   24.29
            Prob > F =    0.0000
```

正如我在前8.3节解释test和testparm之间的差异，testparm命令语可以使用i(2/3).race，如前所述。可以用race这样的缩写。从上面的结果来看，因为p值小于0.01，所以在1%置信水平上驳回原假设，这意味着两个虚拟变量中至少有一个不为零。

9.3 在虚拟变量系数之间附加约束

在回归模型中系数之间存在某种制约条件时，该如何估计呢？ 使用示例数据文件R_data9_2.dta考虑一个更简单的示例模型

$$y = \beta_0 + \beta_1 x_1 + \beta_2 x_2 + \beta_3 x_3 + e$$

首先，从属变量是房价(price)，三个解释变量是二氧化氮浓度的对数(lnox)，到就业中心距离的对数(ldist)，人均犯罪率(crime)。在这里，我们设lnox和ldist变量的系数之和为1，也就是说$\beta_2 + \beta_3 = 1$。即，在此条件下，使用命令cnsreg来估计线性回归模型。要执行此命令，必须先使用constraint(或简称为cons)命令语给出如下约束:

```
. use R_data9_2, clear
. cons def 1 lnox+ldist=1
```

上面的语句写在cons命令之后是define(简称def)，然后是随机指定约束的编号。

这里的编号定为1。如果另设一个约束为1，则将已存储的约束1写入1，并将新约束存储在1中。在Stata中，最多可以同时存储300个约束。$\beta_2+\beta_3=1$的约束条件，用lnox+ldist=1来表达。在给出约束之后，cnsreg命令执行估计。命令语和执行结果如下:

```
. cnsreg  lprice lnox ldist crime, cons(1)

Constrained linear regression                     Number of obs =      506
                                                  Root MSE      =   .36826

 ( 1)  lnox + ldist = 1
------------------------------------------------------------------------------
      lprice |      Coef.   Std. Err.      t    P>|t|     [95% Conf. Interval]
-------------+----------------------------------------------------------------
        lnox |   .5958596   .0257491    23.14   0.000     .5452706    .6464486
       ldist |   .4041404   .0257491    15.70   0.000     .3535514    .4547294
       crime |  -.0193441   .0021588    -8.96   0.000    -.0235855   -.0151028
       _cons |   8.521861   .0200726   424.55   0.000     8.482425    8.561298
------------------------------------------------------------------------------
```

如上所述，必须在cnsreg命令后面指定一个从属变量和独立变量，并在选项中添加cons(1)。在( )里面写出由cons命令所指定的约束的编号。如果你想要一个约束1,2,3，则写cons(1-3)。例如，如果你想要约束1、4和5，可以使用cons(1 4-5)。lnox和ldist的估计系数之和为1。在cnsreg命令中需要注意的一点是，指定的约束必须是线性约束。在参数之间定义非线性约束时，不能执行cnsreg。

让我们回到本节开头所描述的虚拟变量模型(R_data9_1.dta)，并执行我们的估计。为了得到$\beta_2=\beta_3$约束，需要先考虑下面的约束。约束指D_2虚拟变量与下一个回归模型的D_3虚拟变量系数相等。即黑人群体和白人群体(标准范畴)的工资差异和其他人种和白人群体(标准范畴)的工资差异相同。

$$y=\beta_0+\beta_1 D_2+\beta_2 D_3+\beta_3 x_1+e$$

```
. use R_data9_1, clear
. cons def 1 2.race=3.race
```

在上述条件下，模型估计的命令语和执行结果如下：

```
. cnsreg ln_wage i.race ttl_exp, cons(1)

Constrained linear regression                   Number of obs     =      2,272
                                                F(   2,    2269)  =     196.34
                                                Prob > F          =     0.0000
                                                Root MSE          =     0.5505

 ( 1)  2.race - 3.race = 0
------------------------------------------------------------------------------
     ln_wage |      Coef.   Std. Err.      t    P>|t|     [95% Conf. Interval]
-------------+----------------------------------------------------------------
        race |
          2  |  -.1732766   .0260011    -6.66   0.000     -.224265   -.1222882
          3  |  -.1732766   .0260011    -6.66   0.000     -.224265   -.1222882
             |
     ttl_exp |   .0471239   .0025061    18.80   0.000     .0422095    .0520383
       _cons |   1.336534   .0340397    39.26   0.000     1.269782    1.403287
------------------------------------------------------------------------------
```

race2与race3的估计系数在约束条件下是相等的。在其他条件一定时，黑人群体的工资比白人低17.3%，其他人种的工资也比白人低17.3%。

9.4 使用图表分析虚拟变量模型

本节使用图表来分析虚拟变量模型。该模型描述了工会成员对工资的影响，示例数据文件为R_data9_3.dta。分析模型为：

$$y = \beta_0 + \beta_1 union + \beta_2 ttlexp + e$$

y因变量是实际工资的自然对数(ln_wage)，*ttlexp*是工作的总工龄(ttt_exp)。*union*也是一个虚拟变量，如果加入工会则为1，如果不加入工会则为0。如在第9.2节所述，该模型中加入工会虚拟变数的系数是指β_1，在其他条件(总工龄)相同的情况下，加入工会的组会比不加入工会的集团平均多得到$100 \times \beta_1 \%$的工资。估计命令语和执行结果如下：

```
. use R_data9_3, clear
. gen ln_wage=ln(wage)
. reg ln_wage union ttl_exp

      Source |       SS       df       MS              Number of obs =     200
-------------+------------------------------           F(  2,   197) =   34.16
       Model |  14.3704455     2  7.18522276           Prob > F      =  0.0000
    Residual |  41.4354893   197  .210332433           R-squared     =  0.2575
-------------+------------------------------           Adj R-squared =  0.2500
       Total |  55.8059348   199  .280431833           Root MSE      =  .45862

------------------------------------------------------------------------------
     ln_wage |      Coef.   Std. Err.      t    P>|t|     [95% Conf. Interval]
-------------+----------------------------------------------------------------
       union |   .2679362   .0656639     4.08   0.000     .1384418    .3974307
     ttl_exp |   .0448693   .0069423     6.46   0.000     .0311785    .0585601
       _cons |   1.189948   .0967417    12.30   0.000     .9991659    1.380731
------------------------------------------------------------------------------
```

根据以上结果，union变量估计系数0.267意味着在其他条件下加入工会的工人会比不加入工会的工人多获得26.7%的工资。

现在让我们考虑一下用曲线图表示估计结果的方法。正如我们在第8.5节所述，在执行reg语句之后，margins和marginsplot可以用图表来表示不同的回归直线。

```
. reg ln_wage i.union ttl_exp
      Source |       SS       df       MS              Number of obs =     200
-------------+------------------------------           F(  2,   197) =   34.16
       Model |  14.3704455     2  7.18522276           Prob > F      =  0.0000
    Residual |  41.4354893   197  .210332433           R-squared     =  0.2575
-------------+------------------------------           Adj R-squared =  0.2500
       Total |  55.8059348   199  .280431833           Root MSE      =  .45862

------------------------------------------------------------------------------
     ln_wage |      Coef.   Std. Err.      t    P>|t|     [95% Conf. Interval]
-------------+----------------------------------------------------------------
     1.union |   .2679362   .0656639     4.08   0.000     .1384418    .3974307
     ttl_exp |   .0448693   .0069423     6.46   0.000     .0311785    .0585601
       _cons |   1.189948   .0967417    12.30   0.000     .9991659    1.380731
------------------------------------------------------------------------------

. qui margins union, at(ttl_exp=(0(1)25)) noatlegend

. marginsplot, noci recast(line)
  Variables that uniquely identify margins: ttl_exp union
```

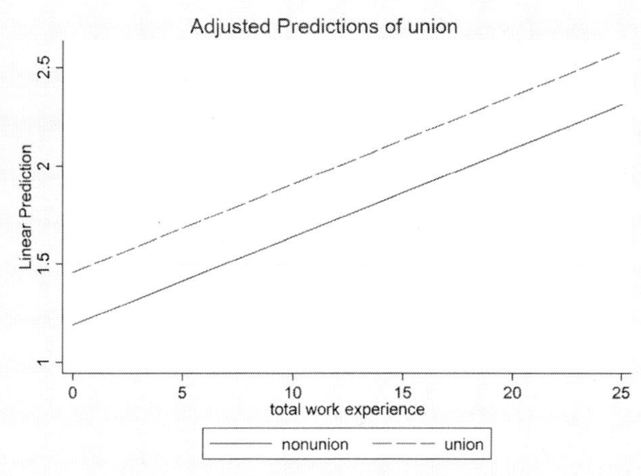

为了使用margins命令语，reg语句中对union变量使用i操作符。如果您是工会成员，必须在margins后面输入union变量以获得因变量拟合值。变量tt_exp指定从0到25的增量为1。根据marginsplot命令所画的回归直线结果，工会群体和非工会组的两个图表的斜率是一样的，只有y轴截距不同。工会组的截距是上项目估计值1.18，工会群体截距是加上union变数的估计系数0.26。

另一个例子是一个交互变量，如下所示:

$$y = \beta_0 + \beta_1 union + \beta_2 ttlexp + \beta_3 (union \times ttlexp) + e$$

```
. reg ln_wage i.union ttl_exp i.union#c.ttl_exp

      Source |       SS       df       MS              Number of obs =     200
-------------+------------------------------           F(  3,   196) =   22.71
       Model |  14.3957796     3  4.79859321           Prob > F      =  0.0000
    Residual |  41.4101552   196  .211276302           R-squared     =  0.2580
-------------+------------------------------           Adj R-squared =  0.2466
       Total |  55.8059348   199  .280431833           Root MSE      =  .45965

------------------------------------------------------------------------------
     ln_wage |      Coef.   Std. Err.      t    P>|t|     [95% Conf. Interval]
-------------+----------------------------------------------------------------
     1.union |   .3305177   .1923347     1.72   0.087    -.0487934    .7098288
     ttl_exp |   .0474194   .0101312     4.68   0.000     .0274391    .0673996
union#c.ttl  |  -.0048265   .0139382    -0.35   0.730    -.0323145    .0226615
       _cons |    1.15866    .132533     8.74   0.000     .8972864    1.420034
```

```
------------------------------------------------------------------------------------------
. qui margins union, at(ttl_exp=(0(1)25)) noatlegend

. marginsplot, noci recast(line) s1(mono)
```

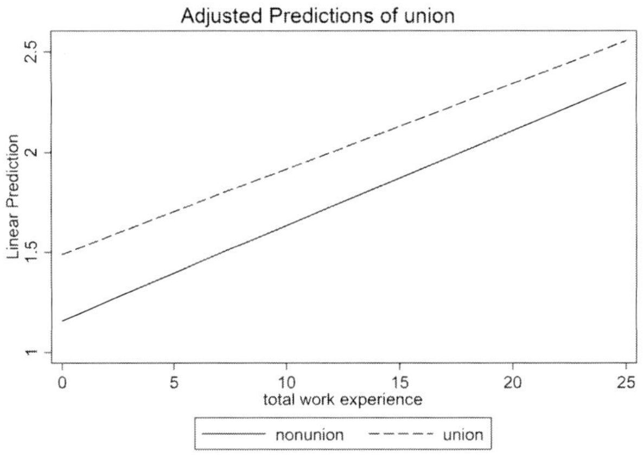

OLS估计的结果是union#c.ttl_exp估计系数为负，说明对于工会组织，变量tt_exp的斜率是较缓的[*]。说明这两组人的斜率和　轴截距是不同的[**]。可以看出，工会成员的斜率略高，而非工会成员的y斜率更大。利用估计系数计算各群组的斜率，可知非工会群组的斜率为0.047，工会群组的斜率为0.047 － 0.0048=0.0422。

9.5 Stata do file

```
use R_data9_1, clear
tab race
tab race, gen(dum_race)
xi i.race, prefix(dum)
xi i.race, prefix(dum) noomit
xi i.race*i.msp, prefix(dum)
xi i.race*ttl_exp, prefix(dum)

use R_data9_1, clear
```

* 前面说过，这里没有考虑到显著性水平问题。鉴于置信区间，可以说两个组之间tt_exp变量的斜率没有差异

** marginsplot命令使用s1(mono)作为选项。在此选项下，两条直线中的一条直线会用虚线表示。

```
reg ln_wage i.race ttl_exp
reg ln_wage b2.race ttl_exp
reg ln_wage b2.race ttl_exp b2.race#c.ttl_exp
reg ln_wage ttl_exp b2.race#c.ttl_exp

reg ln_wage ibn.race ttl_exp ,noconstant
reg ln_wage i.race ttl_exp
reg ln_wage i.race ttl_exp, coeflegend

test 2.race 3.race
testparm i(2/3).race

use R_data9_2, clear
cons def 1 lnox+ldist=1
cnsreg  lprice lnox ldist crime, cons(1)

use R_data9_1, clear
cons def 1 2.race=3.race
cnsreg ln_wage i.race ttl_exp, cons(1)

use R_data9_3, clear
gen ln_wage=ln(wage)
reg ln_wage union ttl_exp
reg ln_wage i.union ttl_exp
qui margins union, at(ttl_exp=(0(1)25)) noatlegend
marginsplot, noci recast(line)

reg ln_wage i.union ttl_exp i.union#c.ttl_exp
qui margins union, at(ttl_exp=(0(1)25)) noatlegend
marginsplot, noci recast(line) s1(mono)
```

CHAPTER 10 回归模型诊断

10.1 运用残差检验异常值

回归模型中的残差(residual; $\hat{e}=y-\hat{y}$)与误差(e)不同，可以进行观测，因此多用于回归模型的事后分析。本节介绍如何使用残差检测不寻常的观测值。某些观测值(或残差)对估计值(如估计系数、估计系数共方差矩阵和置信水平检验的t值)的影响会比其他值大得多。通过判断这些观测结果的存在，可以对回归模型的估计结果进行诊断。在Stata中使用reg指令来估计线性回归模型，然后使用predict指令来进行残差分析。示例数据文件r_data10_1。让我们用示例数据文件R_data10_1.dta来做残差分析。让我们先估计线性回归模型，然后导入predict对话窗。

```
. use R_data10_1, clear
. qui reg mpg weight foreign
. db predict
```

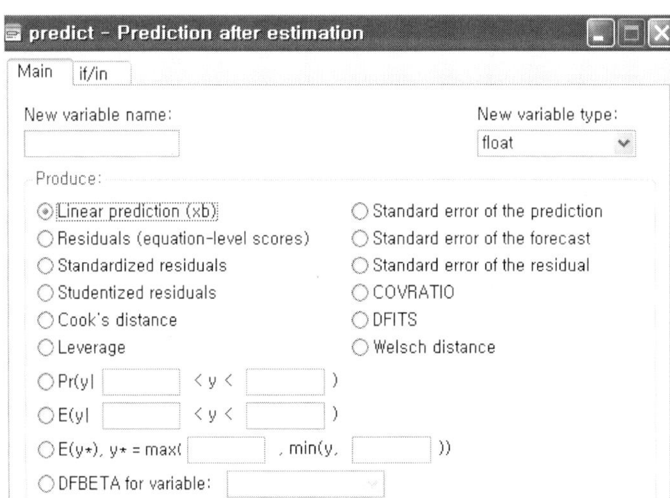

可以使用这个predict对话窗来进行各种各样的残差分析。

1) leverage

杠杆(leverage)是为了确定解释变量中是否存在一个异常值x_i，是否这个值对估计结果会有很大的影响。要做到这一点，请在predict对话窗的New variable name中输入任意变量lev，并在Produce中选择Leverage。与此相应的命令语如下:

```
. predict lev, leverage
```

这将在Variables窗口中创建一个lev变量。

在这里，可以对杠杆化作一个简要的说明。你可以用一个矩阵(matrix)来描述一个多重线性回归模型。

$$y = Xb + e$$

这里y是$n\times 1$向量，X是$n\times k$矩阵，b是 $k\times 1$向量，还有e是$n\times 1$向量。这里的杠杆率h_i是:

$$h_i = x_i(X'X)^{-1}x'_i$$

x_i是第i个观测值的$1\times k$向量。杠杆其值越高，观测值x_i对于y_i相应的观测值($\hat{y}_i$)的影响就越大。当h_i杠杆率符合下列条件时，x_i观察值对拟合度具有相对较大的影响。

$$h_i > \frac{2k}{n}$$

为了了解Stata中与上述条件相应的杠杆值，要写下面这样的语句。

```
. scalar meanh=3/74
. gen lev1=(lev>2*meanh)
```

在上面的语句中，3/74有74个数据和3个解释变量。如果初始生成的lev变数的值大于(2×3)/74，则生成的lev变量的值为1，否则为0的虚拟变量。有几个数据点的杠杆率相对较大，他们的杠杆率有多大，可以根据下面执行结果确定。结果显示，杠杆度相对大的个体有5个，分别是第24、26、27、43、64个观察值。

```
. tab lev1

       lev1 |      Freq.     Percent        Cum.
------------+-----------------------------------
          0 |         69       93.24       93.24
          1 |          5        6.76      100.00
------------+-----------------------------------
      Total |         74      100.00

. list lev if lev1==1

     +----------+
     |      lev |
     |----------|
 24. |  .099715 |
 26. | .1003283 |
 27. | .0880512 |
 43. |  .099715 |
 64. | .0880814 |
     +----------+
```

Tip 10.1 ● hilo 命令语

如果你想从一系列观察值中选出5个，比如说最大的五个，你可以先使用sort或gsort命令对它们排序，然后再使用list命令。例如，要想在前面列出杠杆率中最大的5个值，需要写出下面的语句。

```
. gsort -lev
. list mpg weight foreign lev in 1/5

     +-------------------------------------+
     | mpg   weight    foreign         lev |
     |-------------------------------------|
  1. |  12    4,840   Domestic    .1003283 |
  2. |  28    1,800   Domestic     .099715 |
  3. |  34    1,800   Domestic     .099715 |
  4. |  14    3,420    Foreign    .0880814 |
  5. |  12    4,720   Domestic    .0880512 |
     +-------------------------------------+
```

在上面的第一个语句中，在gsort命令之后键入“-”，然后键入变量名，数据将根据该变量降序排列(如果是+则为升序排列)。

顺便说一下，hilo指令可以让这些操作更加简单。首先，必须执行“net install hilo”语句来下载hilo命令。这样就可以一次执行排序和列表命令。

```
. hilo lev mpg weight foreign, high show(5)
5 highest observations on lev

  +-----------------------------------+
  |      lev   mpg   weight   foreign |
  |-----------------------------------|
  | .0880512    12    4,720  Domestic |
  | .0880814    14    3,420   Foreign |
  |  .099715    34    1,800  Domestic |
  |  .099715    28    1,800  Domestic |
  | .1003283    12    4,840  Domestic |
  +-----------------------------------+
```

在上面的语句中，它会按照hilo之后的变量排序(在这里是lev变量)。命令语末尾的high show(5)选项是让lev给出5个最大值的选项。

2) Standardized residuals

由于残差标准化或studentized，不寻常的残差很容易被发现。首先，要标准化残差，你在predict对话窗中的New variable name中输入一个变量sta_resid，然后在Produce中选择Standardized residuals。与此相应的命令语如下:

```
. qui reg mpg weight foreign
. predict sta_resid, rstandard
```

这将在Variables窗口中创建一个sta_resid变量。

标准化残差的定义是:

$$\hat{e}_{si} = \frac{\hat{e}_i}{\sqrt{s^2(1-h_i)}}$$

这里$\hat{e}_i$是回归模型的残差，为均方误差(MSE;是指Mean Squared Error。一般来说，如果标准化残差的值(作为绝对值)大于2，则该残差与0有显著不同。在例题中，绝对值大于2的标准化残差，可以用下面的方式求出。从结果中可以看出，以标准化残差为基准，5个残差与0是显著不同的。

```
. gen sta1=(abs(sta_resid)>2)
. list sta_resid if sta1==1

     +----------+
     | sta_re~d |
     |----------|
 13. | 2.286094 |
 42. | 2.310888 |
 57. | 2.490793 |
 66. | 2.549472 |
 71. | 4.334917 |
     +----------+
```

为了得到Studentized residuals，在predict对话窗的New variable name中输入一个随机的变量名“stu_resid”，然后在Produce中选择“Studentized residuals”。命令是这样的。

```
. predict stu_resid, rstudent
```

这就是Studentized residuals的定义：

$$\hat{e}_{s(i)} = \frac{\hat{e}_i}{\sqrt{s_{(i)}^2 (1-h_i)}}$$

与之前标准化残差($\hat{e}_{si}$)的定义不同，是在计算MSE的s^2时去掉了相应的第i个残$\hat{e}_i$差。Studentized residuals也和标准化的残差一样，如果绝对值大于2，可以说是与0不同的残差。在这个例子中，可以找出绝对值大于2的Studentized residuals，结果表明，以Studentized residuals为基准时，和以前以标准化残差为基准时，会发现相同的残差。

```
. gen stu1=(abs(stu_resid)>2)
. list stu_resid if stu1==1

     +----------+
     | stu_re~d |
     |----------|
 13. | 2.358396 |
 42. | 2.386043 |
 57. | 2.588885 |
 66. | 2.655943 |
 71. | 5.019486 |
     +----------+
```

3) Cook's distance

库克距离Cook's distance测量第i个观测值对估计系数的影响。在predict对话窗中，在 New variable name中键入任何变量cook，并在Produce中选择cook's distance。相应命令如下:

```
. predict cook, cooksd
```

这个操作将在Variables窗口中创建一个cook变量。Cook's distance库克距离通常是$(4/n)$大的华是具有影响力较大的观测值。如下面的结果所示，在这个例子中，根据Cook's distance库克距离的标准，6个观测值是非常重要的。

```
. gen cook1=(cook>(4/74))
. tab cook1

      cook1 |      Freq.     Percent        Cum.
------------+-----------------------------------
          0 |         68       91.89       91.89
          1 |          6        8.11      100.00
------------+-----------------------------------
      Total |         74      100.00
```

4) DFITS

由于DFITS与Cook's距离相当相似，它对Cook's距离使用了一种rescaled计算方法。要得到这个值，在predict聊天窗口的New variable name中输入任何变量名称dfit，然后在Produce中选择DFITS。与此相应的命令语如下:

```
. predict dfit, dfits
```

这个操作将在Variables窗口中创建一个dfit变量。一般来说，如果DFITS的绝对值比$2\sqrt{k/n}$大的话，则被认为是对估计系数有较大影响的观测值。结果如下所示，在本题中，根据DFITS的标准，5个观测值是有影响的。

```
. gen dfit1=dfit>2*sqrt(3/74)
. tab dfit1

      dfit1 |      Freq.     Percent        Cum.
------------+-----------------------------------
          0 |         69       93.24       93.24
          1 |          5        6.76      100.00
------------+-----------------------------------
      Total |         74      100.00
```

5) COVRATIO

COVRATIO指示第i个观测值对协方差估计矩阵有多大的影响。要得到这个值，在predict聊天窗口的New variable name中输入一个变量covr，然后在Produce中选择COVRATIO。与此相应的命令如下:

```
. predict covr, covratio
```

通常$|COVRATIO-1| \geq 3k/n$认为这些观测值对协方差矩阵有很大的影响。在下面的例子中，8个观测对协方差矩阵是有显著影响的。

```
. gen covr1=(abs(covr-1))>(3*3)/74
. tab covr1

      covr1 |      Freq.     Percent        Cum.
------------+-----------------------------------
          0 |         66       89.19       89.19
          1 |          8       10.81      100.00
------------+-----------------------------------
      Total |         74      100.00
```

6) DFBETA

DFBETA测试的目的是确定第i个观测值对一个变量的估计系数是否有很大的影响。要得到这个值，需要在predict聊天窗口的New variable name中输入任何变量名dfb。在Produce中，可以选择DFBETA for variable，可以选择一个希望的x变数，比如，我们选择一个重量 weight 变数。与此相应的命令如下:

```
. predict dfb, dfbeta(weight)
```

通常情况下，如果DFBETA的数值大于它的绝对值$2/\sqrt{n}$，则说明观测值对变量有很大的影响。在这个例子中，我们可以确定5个观测对体重变量的估计系数有很大的影响。

```
. gen dfb1=abs(dfb)>(2/sqrt(74))
. tab dfb1

       dfb1 |      Freq.     Percent        Cum.
------------+-----------------------------------
          0 |         69       93.24       93.24
          1 |          5        6.76      100.00
------------+-----------------------------------
      Total |         74      100.00
```

10.2 运用残差图检验

通过绘制残差相关图表，可以对回归模型进行各种诊断。我们使用示例数据文件r_data10_2来分析一下。示例模型如下：

$$lprice = \beta_0 + \beta_1 \ln ox + \beta_2 ldist + \beta_3 crime + e$$

其中，从属变量(*lprice*)是房价的中位数对数，三个解释变量是二氧化氮浓度的对数(*lnox*)、雇佣中心距离的对数(*ldist*)和人均犯罪率(*crime*)。模型估计的结果是:

```
. use R_data10_2, clear

. reg lprice lnox ldist crime

      Source |       SS       df       MS              Number of obs =     100
-------------+------------------------------           F(  3,    96) =   18.58
       Model |  5.93890476     3  1.97963492           Prob > F      =  0.0000
    Residual |  10.2265687    96  .106526757           R-squared     =  0.3674
-------------+------------------------------           Adj R squared -  0.3476
       Total |  16.1654734    99   .16328761           Root MSE      =  .32638

------------------------------------------------------------------------------
      lprice |      Coef.   Std. Err.      t    P>|t|     [95% Conf. Interval]
-------------+----------------------------------------------------------------
        lnox |  -.7673991   .3121592    -2.46   0.016     -1.38703    -.147768
       ldist |  -.2329629   .1116302    -2.09   0.040    -.4545471   -.0113788
       crime |  -.0248433   .0041713    -5.96   0.000    -.0331233   -.0165633
       _cons |   11.61877   .6393584    18.17   0.000     10.34966    12.88789
------------------------------------------------------------------------------
```

以下将根据推测结果画出与残差相关的各种图表，并分析模型的拟合度。

1) 残差和拟合度 图形

通过残差($\hat{e}$)和拟合值($\hat{y}$)的散点图plot，可以判断模型的拟合度。这对于判断误差项是否存在同方差(homoskedasticity)异常非常有用。选择Statistics > Linear models and related > Regression diagnostics > Residual versus fitted plot来绘制散点图。对话窗如下。

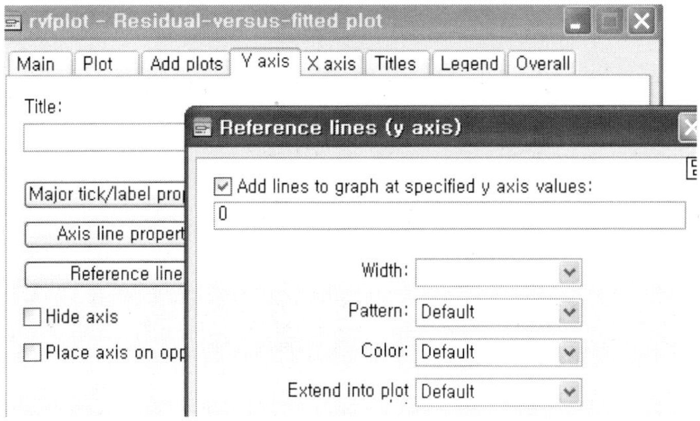

Main type 没有可选的内容。在Y axis type上，单击Reference lines，然后在新的对话窗中Add line to…，然后输入“0”。Stata命令语和执行结果如下：

```
. rvfplot, yline(0)1
```

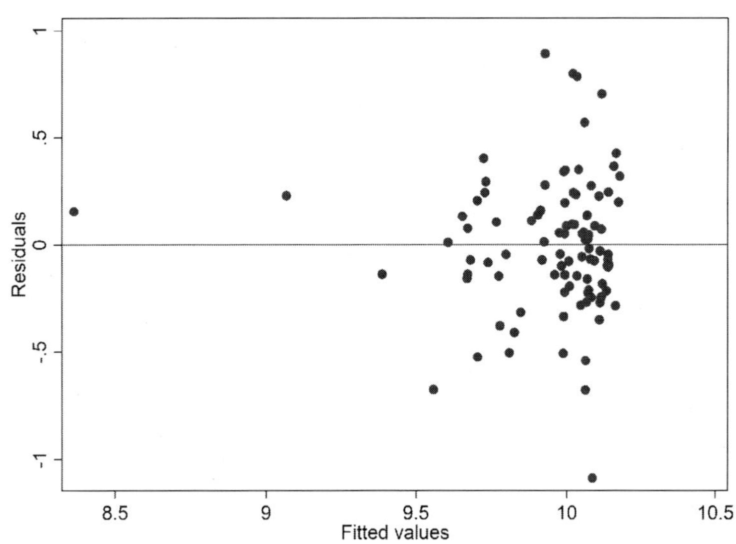

该语句只有rvfplot命令和一个选项。可以在双图中使用所有选项。在这个例子中，因为残差在0处的值通常是(+)或(-)，所以我们给了yline(0)选项以水平线表示纵轴0。如上图所示，随着fitted value的增大，残差(以绝对值为准)也会增大。所以y_i的所有方差都是相等的同方差，这违背了同方差性的假定。

2) 残差与解释变量图

把残差与x解释变量用散点图进行图解，就可以估计出随着x值误差的方差如何变化。对于这个对话窗口，它选择Statistics > Linear models and related > Regression diagnostics > Residual-versus-predictor plo。对话窗如下：

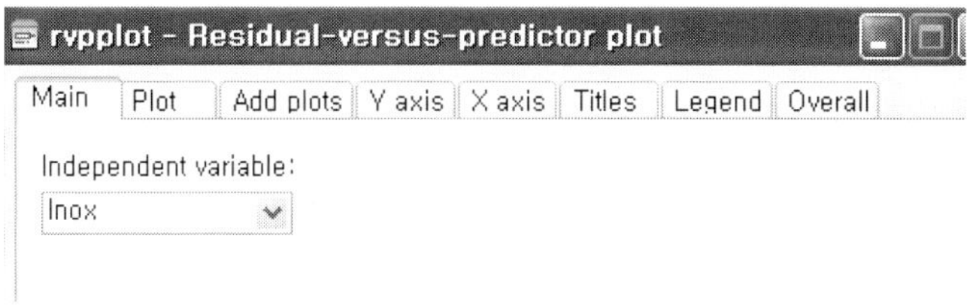

在主页type中，可以选择一个想要的回归模型变量(例如*lnox*)。在Y axis type上，单击Reference line，键入0。该命令文及执行结果如下:

```
. rvpplot lnox, yline(0)
```

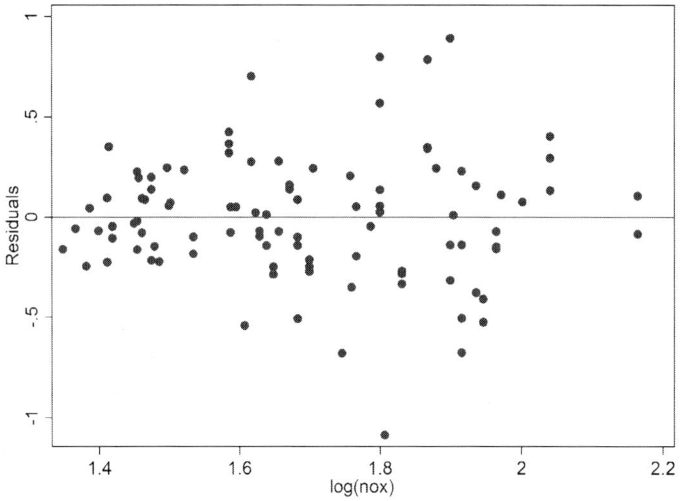

如上图所示，随着lnox值的增加，残差项的方差有增大的趋势。这意味着误差的方差是lnox的函数，因此，误差项的同方差假定可能不成立。

3) 残差与杠杆图

将上节描述的杠杆作为纵轴，以残差为横轴，绘制两者的图型关系的话，就可以掌握杠杆与残差的关系。在这个对话窗口中选择Statistics > Linear models and related > Regression diagnostics > Leverage-versus-squared residual plot。对话窗如下：

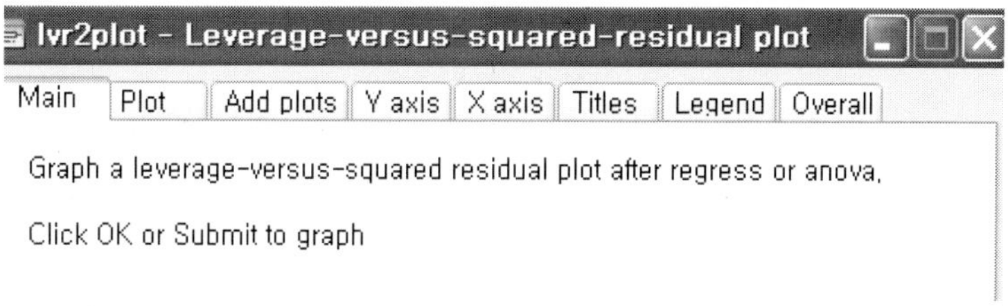

对话窗里没有其它选择，直接运行就行。该命令语及执行结果如下:

```
. lvr2plot
```

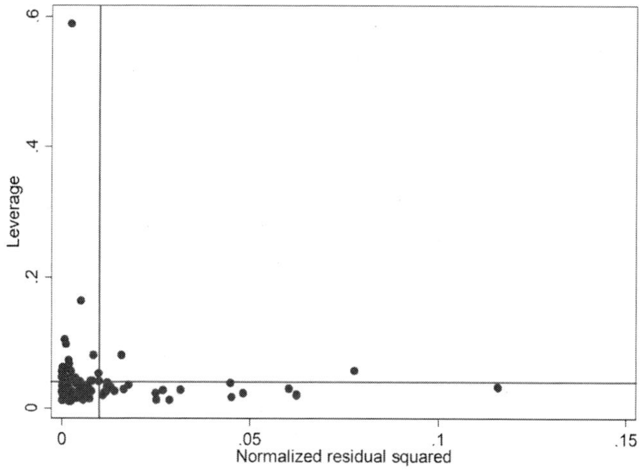

这个命令语只需要输入lvr2plot即可。上图中分别画有水平线和垂直线一条，水平线表示杠杆的平均值，垂直线表示残差平方的平均值。可见，当杠杆比平均杠杆多时，残差乘方接近于零。通过上图可以很容易地找出杠杆非常大的观测值，其中如果残差大小和杠杆都大于平均值，则是一个影响较大的观测值。

4) Added-variable plot

在一个说明变量为1的简单线性回归模型中，在从属变量和解释变量之间的分布图上画出估计的回归直线是非常简单的。然而，在两个以上说明变量的多元线性回归模型中，这类图表在概念上并不简单。Stata中的Add-variable plot功能可以很容易地做到这一点。首先来说明绘制图表的方法。首先在菜单中选择Statistics > Linear models and related > Regression diagnostics > Add-variable plot。对话窗如下:

在主选项卡中，选择一个independent variable，以及一个你想要的说明变量(如*lnox*变量)。命令文和执行结果如下:

```
. avplot lnox
```

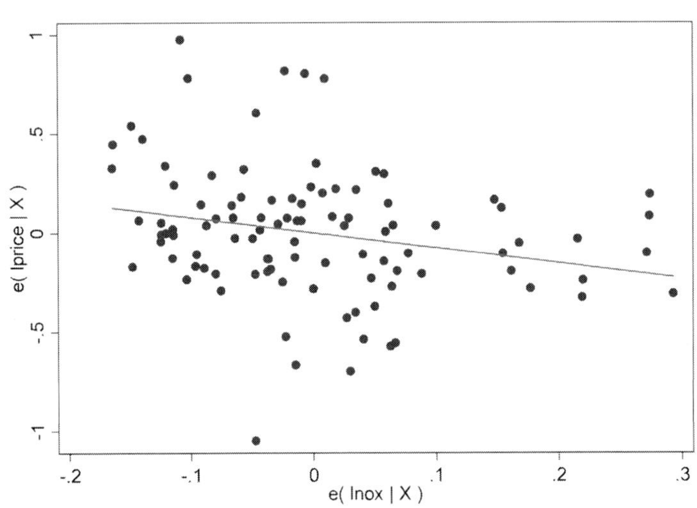

前面的语句只需要在avplot命令后面输入所需的x变量(如lnox变量)即可。

现在让我们考虑一下上面的图表是如何绘制的。上面的图表实际上是经过几个阶段制成的。首先，不考虑*lnox*变量的说明变量，估计如下模型:

$$lprice = \alpha_0 + \alpha_1 ldist + \alpha_2 crime + u$$

假设上面模型的估计残差$e(lprice|X)$。其次，在上面的模型中解释变量不变，用因变量*lprice*代替*lnox*，然后估计模型。

$$lnox = \gamma_0 + \gamma_1 ldist + \gamma_2 crime + v$$

假设上面模型的残差$e(\ln ox|X)$。最后一步是以$e(lprice|X)$为因变量，以$e(\ln ox|X)$为解释变量来推算回归模型。这样得到的回归直线为前图的直线图表。图中，回归直线的斜率在图的下方显示为小字(即coef=-0.7673)，$lprice = \beta_0 + \beta_1 \ln ox + \beta_2 ldist + \beta_3 crime + e$与模型的$\hat{\beta}_1$一致(请在本节开始部分的执行结果中确认)。另外，在前一张画中，$e(lprice|X)$是以纵轴为轴，$e(\ln ox|X)$以横轴为轴画的分布图。如上所述，使用avplot命令语，可以在2个以上说明变数的多重回归模型中，独立变量x和从属关系y的变量用回归直线画出来。

如果您想同时绘制所有被说明变量的附加变量plot，请在对话主栏中选择All variables。与此相应的命令简单地如下:

```
. avplots
```

ldist变量和crime变量的added-variable plot回归直线斜率(各为-0.232，-0.024)也和原来回归模型的估计系数一致(与本节开始部分的执行结果进行比较)。

10.3 多重共线性

在前9.2节描述假变量时，有人指出为了估计线性回归模型的系数，需要作出以下假定。

• **(假设6)** 说明变量之间不存在完全线性关系(perfect linear relationship)。

当我们包含所有类别的假变量时(如前所述)，也会出现上述假设，不仅如此，在连续说明变量之间具有强线性关系时也会违背此假设。这一问题被称为多重共线性(multicollinearity)问题。让我们考虑如下的多重线性回归模型:

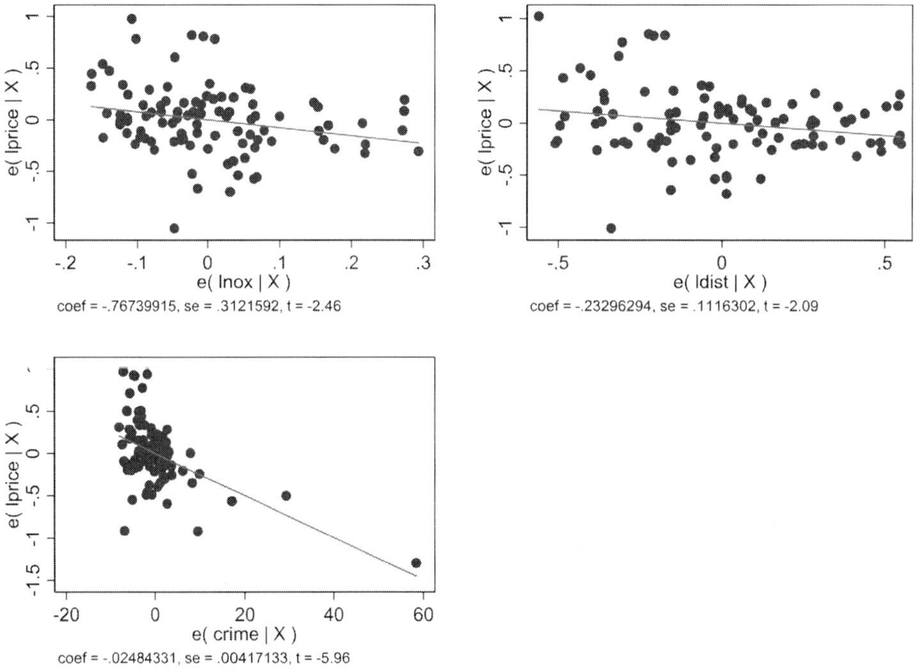

$$y = \beta_0 + \beta_1 x_1 + \beta_2 x_2 + \beta_3 x_3 + e$$

如果x_1，x_2，x_3 这三个变量之间有相当大的关系，那么x_1和x_2 它们之间也可能有相当大的关系。在任何模型中，x变量之间可能存在某种线性关系，但是非常高的线性关系可能就违背假定6。使用示例数据文件⊡R_data10_3.dta来推测如下的回归模型:

模型 1: $HRS = \beta_0 + \beta_1 AGE + \beta_2 NEIN + \beta_3 ASSET + e$

模型 2: $HRS = \beta_0 + \beta_1 AGE + \beta_2 ASSET + e$

HRS代表工时，*AGE*代表年龄，NEIN代表非劳动收入，ASSET代表资产规模变数。模型1的不同之处在于，其作为劳动时间的说明变数，除了年龄之外，还将费劳动收入和资产全部包含在内，而模型2将非劳动收入排除在外，只包含了资产。执行结果为:

<模型2> 解释变量包含 非劳动所得变量和资产变量等

```
. use R_data10_3, clear

. reg HRS AGE NEIN ASSET

      Source |       SS       df       MS              Number of obs =      39
-------------+------------------------------           F(  3,    35) =   25.83
       Model |  107317.64      3  35772.5467           Prob > F      =  0.0000
    Residual | 48465.5908     35  1384.73117           R-squared     =  0.6889
-------------+------------------------------           Adj R-squared =  0.6622
       Total | 155783.231     38  4099.5587            Root MSE      =  37.212

------------------------------------------------------------------------------
         HRS |      Coef.   Std. Err.      t    P>|t|     [95% Conf. Interval]
-------------+----------------------------------------------------------------
         AGE |  -8.007181    1.88844    -4.24   0.000    -11.84092   -4.173443
        NEIN |   .3338277    .337171     0.99   0.329    -.3506658    1.018321
       ASSET |   .0044232    .015516     0.29   0.777     -.027076    .0359223
       _cons |   2314.054   63.22636    36.60   0.000     2185.698    2442.411
------------------------------------------------------------------------------
```

<模型2> 说明变量不包括非劳动收入变量，包含资产变量

```
. reg HRS AGE ASSET

      Source |       SS       df       MS              Number of obs =      39
-------------+------------------------------           F(  2,    36) =   38.28
       Model | 105960.234      2  52980.1169           Prob > F      =  0.0000
    Residual | 49822.9969     36  1383.97214           R-squared     =  0.6802
-------------+------------------------------           Adj R-squared =  0.6624
       Total | 155783.231     38  4099.5587            Root MSE      =  37.202

------------------------------------------------------------------------------
         HRS |      Coef.   Std. Err.      t    P>|t|     [95% Conf. Interval]
-------------+----------------------------------------------------------------
         AGE |  -6.952868   1.559142    -4.46   0.000    -10.11495   -3.790782
       ASSET |   .0196214   .0022597     8.68   0.000     .0150384    .0242044
       _cons |   2288.056   57.49982    39.79   0.000     2171.441    2404.671
------------------------------------------------------------------------------
```

模型1的结果表明，非劳动收入(*NEIN*)和资产规模(*ASSET*)都不是决定劳动时间的重要因素。从直觉上看，这两个因素似乎是决定劳动时间的重要变数，但推测的结果却并非如此。然而，更有趣的是在模型2中排除*NEIN*变量进行估算时，表明*ASSET*变量是重要的。由于这一结果，可以预见*ASSET*和*NEIN*的两个变量具有很高的线性关系，违背了假设6。为了确定这一点，我们使用模型估计的样本来计算两个变量的相关系数。执行结果如下:

```
. corr NEIN ASSET if e(sample)==1
(obs=39)

             |     NEIN    ASSET
-------------+------------------
        NEIN |   1.0000
       ASSET |   0.9879   1.0000
```

从上面的结果可以看出，两个变数的相关系数近似于1。在模型中加入这些高度相关的变量可能会导致多重共线性的问题，以至于关心的变量变得没有显著性意义。相关关系强的情况下，推测系数的标准差会增大，这就降低了估计值的显著性。

为了确定中多重共线性的问题，在Stata中，需要使用vif指令测量变量Inflation Factor (Variance Inflation Factor)。波动率指数(VIF)测量高相关变量导致估计系数标准误差增大的程度。对模型1的VIF测量是这样的:

```
. qui reg HRS AGE NEIN ASSET
. vif

    Variable |       VIF       1/VIF
-------------+----------------------
        NEIN |     60.84    0.016436
       ASSET |     56.07    0.017836
         AGE |      1.74    0.573178
-------------+----------------------
    Mean VIF |     39.55
```

一般来讲，如果VIF大于10，就要怀疑多重共线性问题。正如上面的结果，*NEIN*和*ASSET*变量的VIF值非常大。1/VIF是VIF的倒数，如果小于0.1，就要考虑多共线性问题了。此外，即使模型每个变量的VIF都小于10，如果其Mean VIF明显大于1，也需要考虑多重共线性的问题。

z1/VIF可通过以下步骤获得。例如，要求出一个*NEIN*变量的1/VIF，需要先用*NEIN*变量作为因变量，再用其他变量作为解释变量，然后估计回归模型。

$$NEIN = \beta_0 + \beta_1 AGE + \beta_2 ASSET + e$$

此模型的决定系数R^2为:

$$1/\text{VIF} = 1 - R^2$$

可以将结果确认如下:

```
. reg NEIN AGE ASSET

      Source |       SS       df       MS              Number of obs =      39
-------------+------------------------------           F(  2,    36) = 1077.14
       Model |  728896.478     2  364448.239           Prob > F      =  0.0000
    Residual |  12180.4963    36  338.347121           R-squared     =  0.9836
-------------+------------------------------           Adj R-squared =  0.9827
       Total |  741076.974    38  19502.0256           Root MSE      =  18.394

------------------------------------------------------------------------------
        NEIN |      Coef.   Std. Err.      t    P>|t|     [95% Conf. Interval]
-------------+----------------------------------------------------------------
         AGE |   3.158253    .770909     4.10   0.000     1.594777    4.721729
       ASSET |   .0455272   .0011173    40.75   0.000     .0432612    .0477933
       _cons |  -77.88006   28.43047    -2.74   0.010    -135.5397   -20.22039
------------------------------------------------------------------------------

. di "1/VIF=" " " 1-e(r2)
1/VIF= .01643621
```

注意到上面结果末尾的1/VIF值和之前使用VIF命令得到的*NEIN*变量的1/VIF是一致的。

如果一个多重共线性问题是因为解释变量之间的强相关而发生，解决这个问题的一种方法就是像前面的模型2那样，将强相关变量中的任何一个都排除在外。对模型2进行估计后，得到的VIF值如下。因为*ASSET*变量的VIF值远小于10，这表明多重共线性问题已经被解决。

```
. qui reg HRS AGE ASSET
. vif

    Variable |       VIF       1/VIF
-------------+----------------------
         AGE |      1.19    0.840402
       ASSET |      1.19    0.840402
-------------+----------------------
    Mean VIF |      1.19
```

10.4 Stata do file

```
use R_data10_1, clear
qui reg mpg weight foreign
db predict
predict lev, leverage
scalar meanh=3/74
gen lev1=(lev>2*meanh)
tab lev1
list lev if lev1==1

gsort -lev
list mpg weight foreign lev in 1/5
hilo lev mpg weight foreign, high show(5)

qui reg mpg weight foreign
predict sta_resid, rstandard
gen sta1=(abs(sta_resid)>2)
list sta_resid if sta1==1
predict stu_resid, rstudent
gen stu1=(abs(stu_resid)>2)
list stu_resid if stu1==1

predict cook, cooksd
gen cook1=(cook>(4/74))
tab cook1
```

```
gen dfit1=dfit>2*sqrt(3/74)
tab dfit1
predict covr, covratio
gen covr1=(abs(covr-1))>(3*3)/74
tab covr1
predict dfb, dfbeta(weight)
gen dfb1=abs(dfb)>(2/sqrt(74))
tab dfb1

use R_data10_2, clear
reg lprice lnox ldist crime
rvfplot, yline(0)
rvpplot lnox, yline(0)
lvr2plot
avplot lnox
avplots

use R_data10_3, clear
reg HRS AGE NEIN ASSET
reg HRS AGE ASSET
corr NEIN ASSET if e(sample)==1
qui reg HRS AGE NEIN ASSET
vif
reg NEIN AGE ASSET
di "1/VIF=" " " 1-e(r2)
qui reg HRS AGE ASSET
vif
```

CHAPTER 11 异方差性

11.1 异方差性 检测

在由最小二乘(OLS)估计得到最优线性估计值(BLUE)的假设(见8.1节)中，同方差(homoskedasticity)假设在获得效率估计值(efficient estimator)上起着重要的作用。如果违背这个假设，且误差项存在异方差(heteroskedasticity)，则估计系数的标准误差估计是不正确的，导致估计系数的假设检验(*t*检验，*F*检验)也会有问题。本节我们将了解如何检测异方差。

使用示例数据文件 R_data11_1.dta来估计下一个回归模型。

$$P=\beta_0+\beta_1 M+\beta_2 W+\beta_3 F+e$$

式中，*P*代表车辆价格(price)，*M*代表行驶里程数(mpg)，*W*代表车辆重量(weight)，*F*代表进口车foreign变量(foreign；进口车1，国产车0)。估计结果如下:

```
. use R_data11_1, clear

. reg price mpg weight foreign

      Source |       SS       df       MS              Number of obs =      74
-------------+------------------------------           F(  3,    70) =   23.29
       Model |  317252881     3  105750960             Prob > F      =  0.0000
    Residual |  317812515    70  4540178.78            R-squared     =  0.4996
-------------+------------------------------           Adj R-squared =  0.4781
       Total |  635065396    73  8699525.97            Root MSE      =  2130.8

------------------------------------------------------------------------------
       price |      Coef.   Std. Err.      t    P>|t|     [95% Conf. Interval]
-------------+----------------------------------------------------------------
         mpg |    21.8536   74.22114     0.29   0.769    -126.1758     169.883
      weight |   3.464706    .630749     5.49   0.000     2.206717    4.722695
     foreign |    3673.06   683.9783     5.37   0.000     2308.909    5037.212
       _cons |  -5853.696   3376.987    -1.73   0.087    -12588.88    881.4934
------------------------------------------------------------------------------
```

1) 残差图

前面的最小二乘法(OLS)估计结果是由同方差的假定得到的。使用这种估计结果来检查误差项是否存在异方差的最直观的方法是绘制残差图(参见第10.2节)。例如，rvfplot命令语可以得到(fitted value)匹配值，即残差$\hat{y}_i$具有什么样的规律，通过残差图可以确认。命令语和执行结果如下:

```
. rvfplot, yline(0)
```

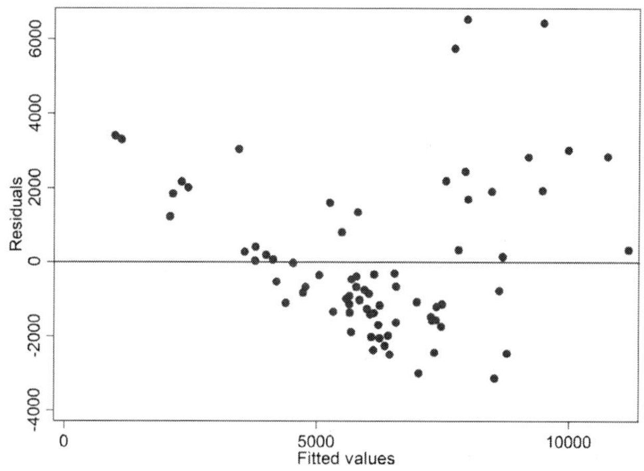

如果同方差成立的话，残差就不应该存在任何规律型模式。但是，从上面的结果来看，合值越大，残差(绝对值)就越大。

rvpplot是另一个命令语，可以根据指定的特定变量x绘制残差图。例如，对于weight变量，绘制残差的命令语和执行结果如下。

```
. rvpplot weight, yline(0)
```

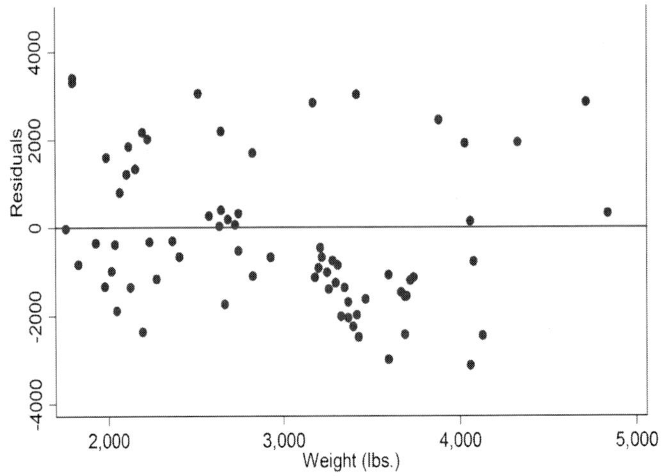

从这张图中可以发现残差的模式，可以看出weight变数的值越大，残差的分散就越大。

2) Breusch-Pagan 检验

上面的残差图只能检测出异方差。为了更精准的判断，可以使用异方差的假设检验。首先调用这样的对话窗来检验异方差。

```
. db estat
```

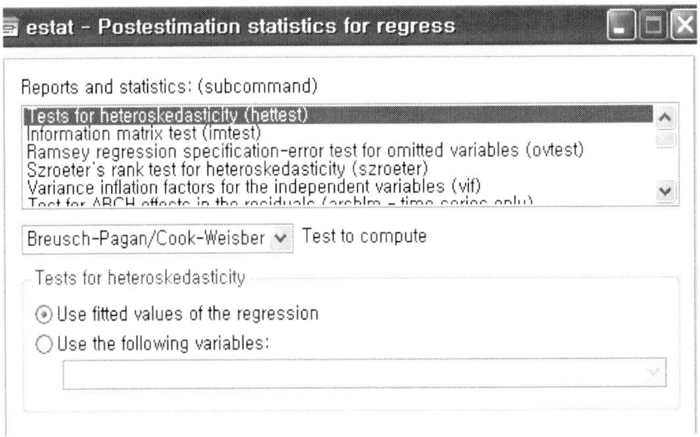

在对话窗口的Reports and statistics中 Tests for heteroskedasticity，在Test to compute中选择默认的Breusch-Pagan/Cook-Weisber。也可以在 Test for heteroskedasticity 中使用Use fitted values of the regression。这将计算 Breusch-Pagan检验统计量。Stata命令语和执行结果如下：

```
. estat hettest

Breusch-Pagan / Cook-Weisberg test for heteroskedasticity
         Ho: Constant variance
         Variables: fitted values of price

         chi2(1)      =     6.34
         Prob > chi2  =   0.0118
```

Breusch-Pagan检验的原假说是同方差的，而研究假说是异方差的，其检验结果与卡方分布一致。由于以上结果p值小于0.05，因此在5%显著性水平上驳回原假设，即：存在着异方差。

Breusch-Pagan检验统计量(BP)公式如下:

$$BP = \frac{SSR_1/2}{(SSE/n)^2} \sim \chi^2(1)$$

公式中SSE是未知的平方误差(sum of squared error)，来自下面的原始回归模型:

$$P = \beta_0 + \beta_1 M + \beta_2 W + \beta_3 F + e$$

求出上面的BP公式中的SSR_1需要几步操作。首先从原有的回归模型求出残差，生成残差平方变数($\hat{e}^2$)。以其残次平方作为因变量，用上面模型的拟合值($\hat{P}$)作为说明变量，然后推定回归模型。

$$\hat{e}^2 = \alpha_0 + \alpha_1 \hat{P} + u$$

根据上面的模型估计的统计结果的sum of squared regression是SSR_1的缩写。根据以上步骤直接计算的BP检验统计量如下:

```
. qui reg price mpg weight foreign
. scalar sse=e(rss)
. predict yhat
(option xb assumed; fitted values)
. predict ehat, resid
. gen ehat2=ehat^2
. qui reg ehat2 yhat
. scalar ssr1=e(mss)
. di (ssr1/2)/(sse/74)^2
6.3363443
```

可以从上面结果的最末尾看到计算值与之前通过estat hettest命令语得到的Breusch-Pagan检验统计量相同。

所谓Breusch-Pagan检验是对特定x变量(比如：weight 变量)进行的检验，这是为了检测解释变量变化的因变量y的方差。为了实现这一点，可以选择前面Test for heteroskedasticity中 Use the following variables，并在其中指定希望的变数(weight)。该命令语及执行结果如下:

```
. estat hettest weight

Breusch-Pagan / Cook-Weisberg test for heteroskedasticity
         Ho: Constant variance
         Variables: weight

         chi2(1)      =    10.42
         Prob > chi2  =   0.0012
```

与前一个BP公式相比，以上检验统计量SSE是相同的，SSR_1是不相同。也就是说，求得SSR_1的变动不是通过计算$\hat{e}^2 = \alpha_0 + \alpha_1 \hat{P} + u$，而是通过估计$\hat{e}^2 = \alpha_0 + \alpha_1 W + u$来说明的。由于$p$值小于0.05，在5%的显著水平上拒绝原假设；如果误差项存在异方差，则可能是重量的变量的函数的意义。

3) White 检验

异方差测定的另一种方法是White测定。在此之前的模型中，将foreign变量排除，建立如下的回归模型:

$$P = \beta_0 + \beta_1 M + \beta_2 W + e$$

与之前的Breusch-Pagan测试一样，White检验也使用异方差对话窗(命令:db estat)。在Reports and test statistics中选择Information matrix test，然后选择 Perform White's original heteroskedasticity test。执行结果如下：

```
. qui reg price mpg weight
. estat imtest, white

White's test for Ho: homoskedasticity
         against Ha: unrestricted heteroskedasticity

         chi2(5)      =     16.09
         Prob > chi2  =    0.0066

Cameron & Trivedi's decomposition of IM-test
---------------------------------------------------
              Source |       chi2     df      p
---------------------+-----------------------------
  Heteroskedasticity |      16.09      5    0.0066
            Skewness |      18.40      2    0.0001
            Kurtosis |       1.10      1    0.2945
---------------------+-----------------------------
               Total |      35.59      8    0.0000
---------------------------------------------------
```

而怀特检验的原假设是同方差的，对研究假设是异方差的。检验统计量是根据卡方分布，从上面的结果来看，因为p值小于0.01，所以在1%有显著性水平上驳回原假说。也就是说，存在着异方差。White检验统计量公式如下:

$$White = n \times R^2 \sim \chi^2(5)$$

这里的R^2决定系数是经过几步操作得到的。首先从原有的回归模型求出残差，然后生成残差平方变数($\hat{e}^2$)，用残方作为因变量，再用原模型的解释变量，解释变量的平方，解释变量之间的乘积作为新的自变量，然后推算出回归模型。

$$\hat{e}^2 = \alpha_0 + \alpha_1 M + \alpha_2 W + \alpha_3 M^2 + \alpha_4 W^2 + \alpha_5 (M \times W) + u$$

在此我们求解得到的R^2决定系数包含在White检验统计量中。White检验统计量遵循卡方分布，而自由度是指在上面的$\hat{e}^2$ 估计模型中(除去常量项)解释变量的个数(上面的示例是5)。根据上述步骤计算White检验统计量的结果如下所示：

```
. qui reg price mpg weight
. drop ehat2 ehat
. predict ehat, res
. gen ehat2=ehat^2
. gen m2=mpg^2
. gen w2=weight^2
. gen mw=mpg*wei
. qui reg ehat2 mpg weight m2 w2 mw
. di 74*e(r2)
16.093421
```

在上面结果的最后计算的值与之前通过命令语estat imtest，white得到的值相同。

11.2 考虑同方差的估计

首先，使用示例数据文件⊡R_data11_2.dtadta估计下一个回归模型，并检验假设异方差是否存在。

$$P = \beta_0 + \beta_1 L + \beta_2 S + \beta_3 B + e$$

其中，P代表房价(price)，L代表土地大小(lotsize)，S代表房屋大小(sqrft)，B代表房间数(bdrms)。估计和检验结果如下:

```
. use R_data11_2, clear

. reg price lotsize sqrft bdrms
```

```
      Source |       SS       df       MS              Number of obs =      88
-------------+------------------------------           F(  3,    84) =   57.46
       Model |  6.1713e+11     3  2.0571e+11           Prob > F      =  0.0000
    Residual |  3.0072e+11    84  3.5800e+09           R-squared     =  0.6724
-------------+------------------------------           Adj R-squared =  0.6607
       Total |  9.1785e+11    87  1.0550e+10           Root MSE      =   59833

------------------------------------------------------------------------------
       price |      Coef.   Std. Err.      t    P>|t|     [95% Conf. Interval]
-------------+----------------------------------------------------------------
     lotsize |   2.067707   .6421258     3.22   0.002      .790769    3.344644
       sqrft |   122.7782   13.23741     9.28   0.000     96.45415    149.1022
       bdrms |   13852.52   9010.145     1.54   0.128     -4065.14    31770.18
       _cons |  -21770.31   29475.04    -0.74   0.462    -80384.66    36844.04
------------------------------------------------------------------------------

. estat imtest, white

White's test for Ho: homoskedasticity
         against Ha: unrestricted heteroskedasticity

         chi2(9)      =     33.73
         Prob > chi2  =    0.0001

Cameron & Trivedi's decomposition of IM-test

---------------------------------------------------
              Source |       chi2     df      p
---------------------+-----------------------------
  Heteroskedasticity |      33.73      9    0.0001
            Skewness |       8.14      3    0.0432
            Kurtosis | -163111.28      1    1.0000
---------------------+-----------------------------
               Total | -163069.41     13    1.0000
---------------------------------------------------
```

前面的White检验结果可以在1%显著性的水平上否定同方差。也就是说，存在异方差的可能性很大。如果存在异方差，最好的解决方法是使用准确掌握异方差的模型或推测方法，但要准确掌握异方差的形态，实际上很难。在这种情况下，最好的方法是使用最小二乘法(OLS)估计，对发生失真的推定系数的标准误差进行修正，使之具备更合适的数值。为了在Stata中执行它，我们在*reg*语句中使用一个可选的*vce(robust)*，如下所示：

```
. regress price lotsize sqrft bdrms, vce(robust)

Linear regression                                      Number of obs =      88
                                                       F(  3,    84) =   23.72
                                                       Prob > F      =  0.0000
                                                       R-squared     =  0.6724
                                                       Root MSE      =   59833

------------------------------------------------------------------------------
             |               Robust
       price |      Coef.   Std. Err.      t    P>|t|     [95% Conf. Interval]
-------------+----------------------------------------------------------------
     lotsize |   2.067707   1.251424     1.65   0.102     -.420888    4.556301
       sqrft |   122.7782   17.72533     6.93   0.000     87.52942     158.027
       bdrms |   13852.52   8478.625     1.63   0.106    -3008.154     30713.2
       _cons |  -21770.31   37138.21    -0.59   0.559    -95623.71     52083.1
------------------------------------------------------------------------------
```

将上述结果与前一原始估计结果相比较，可知估计系数不变，但标准误差有所不同。值得一提的是，lotsize变量在5%水平上是一个不带异方差估计的显著变量，但在不带异方差估计的情况下却变成了非显著变量。

如果事先知道异方差的形态，可以反映出来。例如，可以考虑如下的情况，误差项的方差与lotsize变量成比例增加。

$$var(e_i) = \sigma^2 L_i$$

这里的σ^2是常数。该模型的意思是，随着住宅平米数的增大，房价偏差也会增大。因此，如果事先知道误差项的异方差类型的具体情况，则使用普遍的GLS(Generalized Least Squares)估计方法取代OLS可以得到更有效的(efficient) 结果。如前所述，在比例二方差的情况下，GLS是(i)将原始回归模型的两边作为$\sqrt{L_i}$分成几个部分，然后(ii)将其估计为OLS。

$$\frac{P_i}{\sqrt{L_i}} = \beta_0 \frac{1}{\sqrt{L_i}} + \beta_1 \frac{L_i}{\sqrt{L_i}} + \beta_2 \frac{S_i}{\sqrt{L_i}} + \beta_3 \frac{B_i}{\sqrt{L_i}} + \frac{e_i}{\sqrt{L_i}}$$

在这个更新的模型中，新的误差项$e_i^* \equiv e_i / \sqrt{L_i}$是同散的，因此OLS保证BLUE。

在Stata中，可以通过只添加一个选项简单地执行上述模型的估计(参见命令语和执行结果)。

```
. reg price lotsize sqrft bdrms [aweight=1/lotsize]
(sum of wgt is   1.3697e-02)

      Source |       SS       df       MS              Number of obs =      88
-------------+------------------------------           F(  3,    84) =   42.10
       Model |  3.1670e+11     3  1.0557e+11           Prob > F      =  0.0000
    Residual |  2.1064e+11    84  2.5077e+09           R-squared     =  0.6006
-------------+------------------------------           Adj R-squared =  0.5863
       Total |  5.2735e+11    87  6.0615e+09           Root MSE      =   50077

------------------------------------------------------------------------------
       price |      Coef.   Std. Err.      t    P>|t|     [95% Conf. Interval]
-------------+----------------------------------------------------------------
     lotsize |   5.518832   1.328265     4.15   0.000     2.877432    8.160232
       sqrft |   95.29073   11.14497     8.55   0.000     73.12773    117.4537
       bdrms |   11235.94   7483.883     1.50   0.137    -3646.585    26118.46
       _cons |   11788.76   28504.78     0.41   0.680    -44896.13    68473.64
------------------------------------------------------------------------------
```

在选项中，aweight的含义是analytic weight。需要注意的是，$\sqrt{L}$ 作为lotsiz模型的话，不能加入1/sqrt(lotsize)，而必须填1/lotsize。将上面的GLS估计结果与前面的OLS结果进行比较，可以看出估计的系数值是有一定差异的。尽管这种GLS估计方法是有效的，但要使它成立，这种类型的异方差(如：前面的例子，比例异方差)必须是正确的*。

11.3 Stata do file

```
use R_data11_1, clear
reg price mpg weight foreign
rvfplot, yline(0)
rvpplot weight, yline(0)
db estat
```

* 为了解决这个问题，还有一种GLS估计，它对误差项的方差使用了更一般的函数。这被认为超出了本书的范围，因此省略了具体的说明。

```
estat hettest

qui reg price mpg weight foreign
scalar sse=e(rss)
predict yhat
predict ehat, resid
gen ehat2=ehat^2
qui reg ehat2 yhat
scalar ssr1=e(mss)
di (ssr1/2)/(sse/74)^2
estat hettest weight

qui reg price mpg weight
estat imtest, white

qui reg price mpg weight
drop ehat2 ehat
predict ehat, res
gen ehat2=ehat^2
gen m2=mpg^2
gen w2=weight^2
gen mw=mpg*wei
qui reg ehat2 mpg weight m2 w2 mw
di 74*e(r2)

use R_data11_2, clear
reg price lotsize sqrft bdrms
estat imtest, white
regress price lotsize sqrft bdrms, vce(robust)
reg price lotsize sqrft bdrms [aweight=1/lotsize]
```

CHAPTER 12 自相关检验

12.1 自相关检验

要使最小二乘法(OLS)估计称为最优线性估计(BLUE)，必须满足第8.1节中提到的各种假设。假设4的误差项之间不存在关联，相互独立性。但是时间序列数据进行回归模型通常会违背这一假设，即误差项存在着自相关。如果自相关(autocorrelation)存在，估计系数的标准误差估计就会有问题。因此，使用标准误差计算的t值和p值也可能存在问题。

使用示例数据文件R_data12_1.dta来估计下一个回归模型：

$$C_t = \beta_0 + \beta_1 W_t^G + e_t$$

数据集是美国1920年到1941年的宏观经济数据，C_t主要代表消费支出(consump)，W_t^G主要代表公共部门的工资支出(wagegovt)。因此，如果使用时间序列数据估计回归模型，在估计模型之前，您必须使用tsset命令提醒记忆体中数据是时间序列。因此，可以使用类似L.和lag operator的延迟操作符。

```
. use R_data12_1, clear
. tsset yr
        time variable:  yr, 1920 to 1941
                delta:  1 unit
```

yr位于tsset命令之后，是数据文件中变量的年份名称。执行给出了yr变量的描述，时间从1920年到1941年，时间序列的间隔(delta)为1年。回归模型估计的结果是：

```
. reg consump wagegovt

      Source |       SS       df       MS              Number of obs =      22
-------------+------------------------------           F(  1,    20) =   17.72
       Model |  532.567711     1  532.567711           Prob > F      =  0.0004
    Residual |  601.207167    20  30.0603584           R-squared     =  0.4697
-------------+------------------------------           Adj R-squared =  0.4432
       Total |  1133.77488    21  53.9892799           Root MSE      =  5.4827

------------------------------------------------------------------------------
     consump |      Coef.   Std. Err.      t    P>|t|     [95% Conf. Interval]
-------------+----------------------------------------------------------------
    wagegovt |    2.50744   .5957173     4.21   0.000     1.264796    3.750085
       _cons |   40.84699   3.192183    12.80   0.000     34.18821    47.50577
------------------------------------------------------------------------------
```

1) 残差图

检查误差项是否存在自相关的最直观的方法是查看残差时序列图表。为了完成这一任务，需要估计一个回归模型，然后生成残差。在此，将得到一个纵轴的残差变量，并得到一个横轴的时间变量yr。命令文及执行结果如下:

```
. predict ehat, resid
. twoway (tsline ehat), yline(0)
```

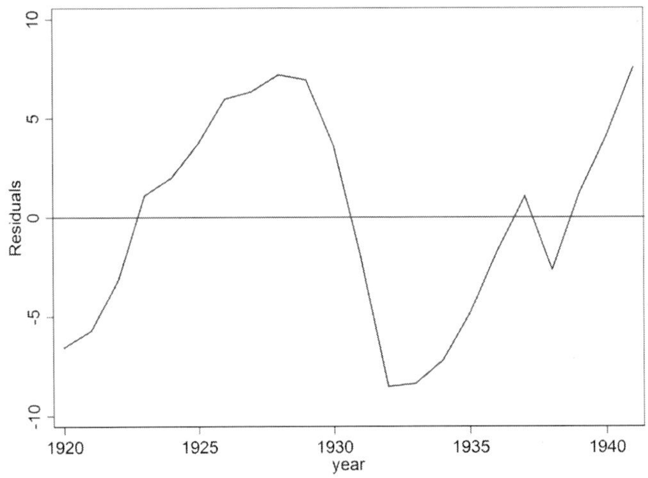

如果看到前面的命令语，那么two-way图中的tsline命令语就是一个时间序列图。因为在tsline语句中，横轴会自动指定时间变量yr，所以没有必要单独指定横轴，而只需要写入纵轴变量(ehat)。从上面的图表可以看出，无论哪一年，该年度的残差大小就是受前一年残差的影响，即上一年度的残差大(小)对下一年的残差大(小)的影响非常大。由此可见，残差之间存在着相关关系。

2) Durbin-Watson 检验

上面的残差图只能粗略地检测出自相关。为了精确的判断，可以使用自相关的假设检验。Durbin-Watson 杜宾-沃森检验理论是最具代表性的。为了测试它，首先调用下面的对话窗来测试它的关联(与二进制对话窗相同)。

```
. db estat
```

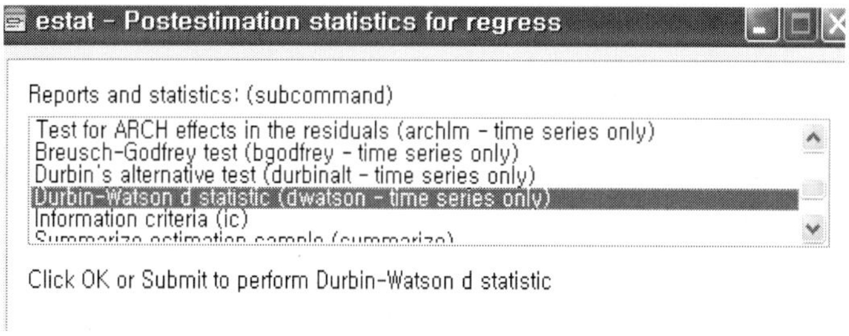

在Reports and statistics对话窗口中，选择Durbin-Watson d statistic。该命令语句及执行结果如下:

```
. estat dwatson
Durbin-Watson d-statistic(  2,    22) =  .3217998
```

现在让我们来看看Durbin-Watson杜宾-沃森(DW)检验统计量是如何计算的。DW检验统计量公式为:

$$DW = \frac{\Sigma_{t=2}^{T}\left(\hat{e}_t - \hat{e}_{t-1}\right)^2}{\Sigma_{t=1}^{T}\hat{e}_t^2}$$

这里是$\hat{e}_t$回归模型推定的结果。让我们通过下列一系列语句直接计算出上面的*DW*检验统计量

```
. gen e1=(ehat-L.ehat)^2
(1 missing value generated)

. qui su e1
. scalar sum1=r(sum)
. gen e2=ehat^2
. qui su e2
. scalar sum2=r(sum)
. di "DW 统计量= " sum1/sum2
DW 统计量= .32179982
```

在第一个指令中的L.eha中，L.是一个操作符，用于表示时间序列数据中的previous period。因此L.ehat代表$\hat{e}_{t-1}$。最后的*DW*统计量可以与前面使用estat dwatson命令语所得到的结果保持一致。

通常情况下，Stata的其他假说检验会在统计值的同时给出一个*p*值，而杜宾-沃森Durbin-Watson 检验不会给出*p*值。要知道*DW*检验统计量的*p*值，可以使用下列语句"dwe"。需要下载并安装ado文件。

```
. findit dwe
```

当程序安装完成后，执行dwe命令可以得到：

```
. dwe

Durbin-Watson test with normal p value
------------------------------------------------------
        dw              Prob < dw            Prob > dw
```

```
--------------------------------------------------
      .3218          0.0000          1.0000
--------------------------------------------------
```

此结果有DW统计量和p值。Durbin-Watson 杜宾-沃森检验的原假设是：自相关是不存在自关联的，而研究假设是存在自关联的。DW检验统计量的自由度在原始回归模型中是(包括常数项)解释变量的个数(2个)和样本数(22个)。如前所述，因为DW统计量的p值小于0.01，所以在1%显著水平下拒绝原假设，即:存在着自相关。

另外，DW检验统计量与以下回归模型的估计系数，$\hat{\rho}$有着密切的关联。

$$\hat{e}_t = \rho \hat{e}_{t-1} + v_t$$

可以很容易地证明DW检验统计值近似于$2(1-\hat{\rho})$。因此，如果无自相关(即$\hat{\rho}$接近于0)，则DW统计量的值越接近2(即$\hat{\rho}$越接近于1)，而DW统计量的值越接近于0。在上面的例子中，因为DW检验统计量接近于零，所以可能存在自相关。

可见，Durbin-Watson杜宾-沃森检验只能检验一阶自相关(first-order autocorrelation)。为了弥补这个缺点，Durbin提出了一个扩展的检验统计量，可以检验p值的自关联。在Stata中，此方法被称为Durbin's alternative.* 为了了解这个问题，请考虑将前面模型扩展后的下述回归模型。

$$C_t = \beta_0 + \beta_1 W_t^G + \beta_2 C_{t-1} + \beta_3 C_{t-2} + e_t$$

可以首先估计上述模型，然后打开estat对话窗口，在Reports and statistics中选择Durbin's alternative test。下面列出一个延迟列表选择Specify a list of lag...，输入二分之一(1/2)。在P-value计算中，使用F或t distribution Obtain P-value。实行结果如下:

* Durbin's alternative主要用于回归模型中包含因变量的lagged variable的情况

```
. reg consump wagegovt L.consump L2.consump

      Source |       SS       df       MS              Number of obs =      20
-------------+------------------------------           F(  3,    16) =   44.01
       Model |  702.660311     3  234.220104           Prob > F      =  0.0000
    Residual |  85.1596011    16  5.32247507           R-squared     =  0.8919
-------------+------------------------------           Adj R-squared =  0.8716
       Total |  787.819912    19  41.4642059           Root MSE      =   2.307

------------------------------------------------------------------------------
     consump |      Coef.   Std. Err.      t    P>|t|     [95% Conf. Interval]
-------------+----------------------------------------------------------------
    wagegovt |   .6904282   .3295485     2.10   0.052    -.0081835     1.38904
     consump |
         L1. |   1.420536    .197024     7.21   0.000     1.002864    1.838208
         L2. |   -.650888   .1933351    -3.37   0.004     -1.06074   -.241036
       _cons |   9.209073   5.006701     1.84   0.084    -1.404659    19.82281
------------------------------------------------------------------------------

. estat durbinalt, lags(1/2) small

Durbin's alternative test for autocorrelation
---------------------------------------------------------------------------
    lags(p)  |          F                  df                  Prob > F
-------------+-------------------------------------------------------------
       1     |        0.080             (  1,    15 )             0.7805
       2     |        0.260             (  2,    14 )             0.7750
---------------------------------------------------------------------------
                        H0: no serial correlation
```

求p值的时候，上面第二条语句中的基本small选项的卡方分布可用来代替F分布。此外，在lags(　)选项中指定的二分之一用来检验一阶段自相关，以及1阶段和2阶段自相关。在此之前的Durbin's　alternative检验结果将lags(p)区分为1和2，所以在每一情况下，原假设和研究假设是:

区分	原假设(H_0)	研究假设(H_1)
lags(1)	1阶段 自相关不存在($\rho_1=0$)	1阶段 自相关存在
lags(2)	1阶段和2阶段 自相关都不存在($\rho_1=0$，$\rho_2=0$)	1阶段和2阶段 自相关都存在

假设检验的结果是p值都大于0.05，在5%显著性水平上不存在自相关。Durbin's alternative的检验统计量是在估计原模型(即 $C_t=\beta_0+\beta_1 W_t^G+\beta_2 C_{t-1}+\beta_3 C_{t-2}+e_t$)

后，求出残差($\hat{e}_t$)，并估计如下模型。

$$\hat{e}_t = \beta_0 + \beta_1 \hat{e}_{t-1} + \beta_2 W_t^G + \beta_3 C_{t-1} + \beta_4 C_{t-2} + u_t$$

图中β_1估计系数显著性的F检验与前一项Durbin's alternative检验结果为lag(1)时的F值一致。在lag(2)时F检验统计量必须加入回归模型的$\hat{e}_{t-2}$变量。让我们通过下列一系列语句直接计算出上面的F检验统计量。

```
. qui reg  consump wagegovt L.consump L2.consump
. predict ehat, resid
(2 missing values generated)
. replace ehat=0 in 2
(1 real change made)
. qui reg  ehat L.ehat wagegovt L.consump L2.consump
. test L.ehat
 ( 1)  L.ehat = 0

       F(  1,    15) =    0.08
            Prob > F =    0.7805
```

上面第二个语句的结果告诉我们，从残差变量生成了两个缺测值。这是因为原始模型包含了2期前的变数(即C_{t-2})。第三条语句是为了在不丢失的情况下推定含有前面看到的1个残差变数(即$\hat{e}_{t-1}$)的模型，将残差系列最前面两个缺测值中的第二个缺测值转换为0的步骤。

3) Breusch-Godfrey 检验

另一种检验一阶段自相关检验的方法是Breusch-Godfrey的LM(Lagrange Multiplier)检验。Breusch-Godfrey使用LM检验统计量，而Durbin's alternative是Wald检验。

请使用先前使用的相同模型(即$C_t = \beta_0 + \beta_1 W_t^G + \beta_2 C_{t-1} + \beta_3 C_{t-2} + e_t$)来执行Breusch-Godfrey检验。首先，可以先估计这个模型，然后是在estat对话窗口的Reports and statistics中选择Breusch-Godfrey test。接下来，下面列出Specify a list of lag…输入1/2，以及在P-value计算中，使用default distribution Obtain P-value。命令语和执行结果如下：

```
. qui reg  consump wagegovt L.consump L2.consump
. estat bgodfrey, lags(1/2)

Breusch-Godfrey LM test for autocorrelation
---------------------------------------------------------------------------
    lags(p)  |          chi2               df                 Prob > chi2
-------------+-------------------------------------------------------------
       1     |          0.107               1                   0.7439
       2     |          0.715               2                   0.6994
---------------------------------------------------------------------------
                        H0: no serial correlation
```

在estat语句中，lags(1/2)选项的含义与之前Durbin's alternative测试的含义相同。正如前一项Durbin's alternative检验一样，结果表明在5%显著水平上接受原假设，因为p值大于0.05。

Breusch-Godfrey(BG)检验统计数据如下：

$$BG = n \times R^2 \sim \chi^2(p)$$

这里的决定系R^2数是由之前求Durbin's alternative检验统计量时所做的模型估计得到的。

$$\hat{e}_t = \beta_0 + \beta_1 \hat{e}_{t-1} + \beta_2 W_t^G + \beta_3 C_{t-1} + \beta_4 C_{t-2} + u_t$$

BG检验统计量遵循卡方分布，自由度是检验目标对象的自相关系数。根据以上步骤直接计算的BG测试统计量如下所示：

```
. qui reg  consump wagegovt L.consump L2.consump
. predict ehat, resid
(2 missing values generated)
. replace ehat=0 in 2
(1 real change made)
. reg  ehat L.ehat  wagegovt L.consump L2.consump
```

```
      Source |       SS       df       MS              Number of obs =      20
-------------+------------------------------           F(  4,    15) =    0.02
       Model |  .454489511     4  .113622378           Prob > F      =  0.9991
    Residual |  84.7051118    15  5.64700746           R-squared     =  0.0053
-------------+------------------------------           Adj R-squared = -0.2599
       Total |  85.1596013    19  4.48208428           Root MSE      =  2.3763

------------------------------------------------------------------------------
        ehat |      Coef.   Std. Err.      t    P>|t|     [95% Conf. Interval]
-------------+----------------------------------------------------------------
        ehat |
         L1. |  -.1169825   .4123521    -0.28   0.781    -.9958902    .7619251
    wagegovt |  -.0435725    .372577    -0.12   0.908    -.8377016    .7505567
     consump |
         L1. |   .0652772   .3068052     0.21   0.834    -.5886627     .719217
         L2. |  -.0556228   .2794621    -0.20   0.845    -.6512821    .5400365
       _cons |  -.3694077   5.318931    -0.07   0.946    -11.70644    10.96763
------------------------------------------------------------------------------

. di 20*0.0053
0.106
```

12.2 考虑自相关的估计

1) Prais-Winsten 推测方法

当线性回归模型存在自关联时，可以使用Prais-Winsten估计作为其解决方法。使用示例数据文件R_data12_2.dta以考虑这样一个模型。

$$I_t = \beta_0 + \beta_1 Y_t + \beta_2 \in_t + e_t$$

数据集是1972年至2001年宏观经济数据的集合，I_t投资支出(inv)、Y_t国民生产总值(gnp)、IN_t利率(interest)。在使用Prais-Winsten估计方法之前，使用OLS估计模型如下：

<OLS 估计>

```
. use R_data12_2, clear

. tsset year
```

```
       time variable:  year, 1972 to 2001
               delta:  1 unit

. reg inv gnp interest

      Source |       SS       df       MS              Number of obs =      30
-------------+------------------------------           F(  2,    27) =   59.98
       Model |  1329.98699     2  664.993493           Prob > F      =  0.0000
    Residual |  299.335855    27  11.0865131           R-squared     =  0.8163
-------------+------------------------------           Adj R-squared =  0.8027
       Total |  1629.32284    29  56.1835462           Root MSE      =  3.3296

------------------------------------------------------------------------------
         inv |      Coef.   Std. Err.      t    P>|t|     [95% Conf. Interval]
-------------+----------------------------------------------------------------
         gnp |   .7699114   .0717905    10.72   0.000     .6226094    .9172134
    interest |  -.1841962   .1264157    -1.46   0.157    -.4435798    .0751874
       _cons |   6.224938   2.510894     2.48   0.020     1.073009    11.37687
------------------------------------------------------------------------------
```

在Durbin-Watson检验中，由于p值小于0.01，可以确定在1%显著水平存在自相关，如下所示:

```
. estat dwatson

Durbin-Watson d-statistic(  3,    30) =  .852153

. dwe
Durbin-Watson test with normal p value
---------------------------------------------------
        dw              Prob < dw           Prob > dw
---------------------------------------------------
      .85215              0.0001              0.9999
---------------------------------------------------
```

Prais-Winsten估计如误差项与$e_t = \rho e_{t-1} + v_t$一样，也可以应用于一阶自相关(AR(1)过程。用于Prais-Winsten估计的Stata指令是Prais。命令语和执行结果如下:

```
                         <Prais-Winsten 估计>
. prais inv gnp interest

Prais-Winsten AR(1) regression -- iterated estimates
```

```
      Source |       SS       df       MS              Number of obs =      30
-------------+------------------------------           F(  2,    27) =   19.34
       Model |  270.876071     2  135.438036           Prob > F      =  0.0000
    Residual |  189.038992    27  7.00144413           R-squared     =  0.5890
-------------+------------------------------           Adj R-squared =  0.5585
       Total |  459.915063    29  15.8591401           Root MSE      =   2.646

------------------------------------------------------------------------------
         inv |      Coef.   Std. Err.      t    P>|t|     [95% Conf. Interval]
-------------+----------------------------------------------------------------
         gnp |   .7337751    .125379     5.85   0.000     .4765187    .9910315
    interest |  -.2893788   .0766134    -3.78   0.001    -.4465765   -.1321812
       _cons |   8.704382   3.110804     2.80   0.009     2.321539    15.08723
-------------+----------------------------------------------------------------
         rho |   .6275201
------------------------------------------------------------------------------
Durbin-Watson statistic (original)    0.852153
Durbin-Watson statistic (transformed) 1.619036
```

如前所述，为了实现Prais-Winsten估计，需要在Prais命令之后给出结果变量和解释变量。将上述结果与前面的OLS结果比较，可以发现interest 变量显著改变。据推测结果，下面的rho推测值0.62是“$e_t = \rho e_{t-1} + v_t$”的关于的估计值。由Prais-Winsten更新模型估计，Durbin-Waston检验统计量为1.61，比之前的0.85更接近2。因此，在这个更新的模型中没有任何自相关。

2) Corchrane-Orcutt 估计法

Corchrane-Orcutt估计法与Prais-Winsten方法相似。第一个观察可能会被排除在外，因为考虑了线性一阶段自相关，对于Prais-Winsten，将适当的变型纳入第一个观测值的估计中。然而，Corchrane-Orcutt法在估计中排除了第一次估计值。命令语和执行结果如下:

<Corchrane-Orcutt 估计>

```
. prais inv gnp interest, corc sse

Cochrane-Orcutt AR(1) regression -- SSE search estimates
```

```
      Source |       SS       df       MS              Number of obs =      29
-------------+------------------------------           F(  2,    26) =   19.71
       Model |  281.930954     2  140.965477           Prob > F      =  0.0000
    Residual |  185.964376    26  7.15247601           R-squared     =  0.6026
-------------+------------------------------           Adj R-squared =  0.5720
       Total |   467.89533    28  16.7105475           Root MSE      =  2.6744

------------------------------------------------------------------------------
         inv |      Coef.   Std. Err.      t    P>|t|     [95% Conf. Interval]
-------------+----------------------------------------------------------------
         gnp |   .7846929   .1448574     5.42   0.000     .4869341    1.082452
    interest |  -.2958779   .0785922    -3.76   0.001    -.4574265   -.1343294
       _cons |   7.334627   3.674751     2.00   0.057    -.2189306    14.88819
-------------+----------------------------------------------------------------
         rho |   .6167101
------------------------------------------------------------------------------
Durbin-Watson statistic (original)    0.852153
Durbin-Watson statistic (transformed) 1.610667
```

为了进行Corchrane-Orcutt估计，使用prais指令，但corc作为选项是prais-Winsten方法的不同之处。在前面的语句中，corc后面是一个sse选项，这意味着在估计rho时，使用最小化未解误差(SSE: Sum of Squared Error)的方法。估计的结果显示所有的点都与前一Prais-Winsten估计非常相似。需要注意的是，在Prais-Winsten估计中有30样本量，而在Corchrane-Orcutt估计中只有29个。如前所述，这是在Prais-Winsten的第一次估计。因此，在小样本量的情况下，两种估计的结果可能是不同的。

3) Newey-West 标准误差估计

Newey-West提出了一种方法，即使误差项存在异方差和自相关，标准误差仍然是一致估计量。Newey-West提出的标准误差被称为HAC(Heteroskedasticity andAutocorrelation Consistent)估计。为了进行Newey-West估计，会调用下面这个对话窗：

```
. db newey
```

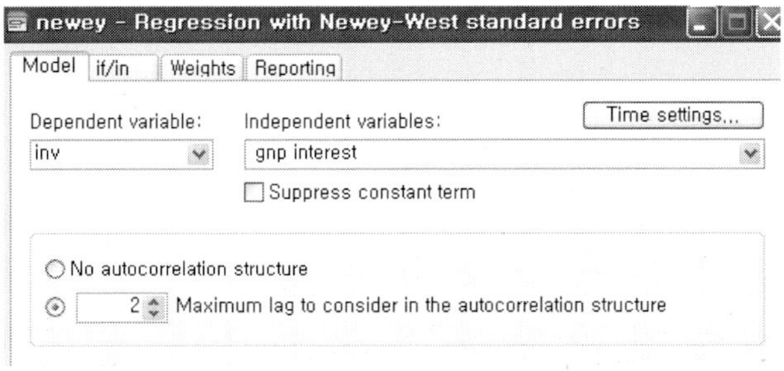

在对话窗口中，选择inv为Independent variable，gnp和interest为Independent variables。接下来，要指定检验自相关的Maximum lag...。在上面的例子中，输入了二阶自相关。需要注意的一点是，在使用newey命令之前，必须执行tsset命令。命令语及执行结果如下:

```
. tsset year
        time variable:  year, 1972 to 2001
                delta:  1 unit

. newey inv gnp interest, lag(2)

Regression with Newey-West standard errors          Number of obs  =        30
maximum lag: 2                                      F(  2,    27)  =     56.72
                                                    Prob > F       =    0.0000

------------------------------------------------------------------------------
             |             Newey-West
         inv |      Coef.   Std. Err.      t    P>|t|     [95% Conf. Interval]
-------------+----------------------------------------------------------------
         gnp |   .7699114    .0761921    10.10   0.000     .6135782    .9262446
    interest |  -.1841962     .121037    -1.52   0.140    -.4325437    .0641512
       _cons |   6.224938    2.150903     2.89   0.007     1.811649    10.63823
------------------------------------------------------------------------------
```

将上述结果与前面的OLS估计结果比较，可知估计系数相同，但标准误差有所不同。对于interest变量，标准误差有轻微的降低，但仍然是不显著的。

12.3 Stata do file

```
use R_data12_1, clear
tsset yr
reg consump wagegovt
predict ehat, resid
twoway (tsline ehat), yline(0)

db estat
estat dwatson
gen e1=(ehat-L.ehat)^2
qui su e1
scalar sum1=r(sum)
gen e2=ehat^2
qui su e2
scalar sum2=r(sum)
di "DW 统计量= " sum1/sum2

findit dwe
dwe
reg consump wagegovt L.consump L2.consump
estat durbinalt, lags(1/2) small

qui reg  consump wagegovt L.consump L2.consump
predict ehat, resid
replace ehat=0 in 2
qui reg  ehat L.ehat wagegovt L.consump L2.consump
test L.ehat
qui reg  consump wagegovt L.consump L2.consump
estat bgodfrey, lags(1/2)

qui reg  consump wagegovt L.consump L2.consump
predict ehat, resid
replace ehat=0 in 2
reg  ehat L.ehat  wagegovt L.consump L2.consump
di 20*0.0053

use R_data12_2, clear
```

```
tsset year
estat dwatson
dwe
prais inv gnp interest
prais inv gnp interest, corc sse

db newey
tsset year
newey inv gnp interest, lag(2)
```

CHAPTER 13 使用工具变量进行估计

13.1 两阶段最小二乘法估计

为了使OLS估计量成为一致性估计(consistent estimator)，需要证明解释变量和误差项彼此独立的假设。正如8.1节所示，假定误差项$cov(x_i, e_i) = 0$的条件必须成立*。如果这个假设不成立，OLS估计值就不能是一致估计量(Wooldridge 2002)。假设有这样一个简单的线性回归模型。

$$y_i = \beta_0 + \beta_1 x_i + e_i$$

在这种情况下，β_1的OLS估计值是:

$$\hat{\beta}_1 = \beta_1 + \frac{(1/n)\sum(x_i - \overline{x})e_i}{(1/n)\sum(x_i - \overline{x})^2}$$

这是成立大数值定律(law of large numbers)如下：

$$plim\hat{\beta}_1 = \beta_1 + \frac{Cov(x_i, e_i)}{var(x_i)}$$

因此，如果$cov(x_i, e_i) \neq 0$，$plim\hat{\beta}_1 \neq \beta_1$，即不可能是一致估计值。

在回归模型中，自变量与误差项都对y因变量有影响，但自变量与误差项之间不应存在关联。只有这样，OLS估计的才会是理想合理的。但是，在有内生(endogenous)的自变量的线性模型中，自变量与误差项相关，同时也会影响因变量。一般而言，自变量内生的原因有以下三个。

第一，simultaneous equation bias，在经济学的需要和供给模型中，数量与价格是同时决定的。以下列供求函数为例。

---

* 假定误差项的条件平均为0，即该成立就一定成立。

需要： $Q^d = \alpha_0 + \alpha_1 P + \alpha_2 x + e^d$

供给： $Q^s = \beta_0 + \beta_1 P + e^s$

在这些供求函数中，影响需求量(Q^d)和供给(Q^s)的误差项(e^d，e^s)不仅影响均衡数量，也会影响均衡价格(P)。因此，价格变量的价格将在模型中起着决定性的内生性(endogeniety)。结果需求函数与供给函数的误差项与价格变数具有相关关系。在这种情况下，每个回归模型分别用OLS估计$\hat{\alpha}_1$和$\hat{\beta}_1$不能被认为是一致估计。

第二，测量误差(measurement error bias)。x变量包含测量误差。如果用包含测量误差的值代替实际值说明变数时，可能存在内生性。假设实际模型是这样的。

$$y = \beta x^* + u$$

在这里，我们假定x^*包含测量误差(v)可以测量变量x

$$x = x^* + v$$

在这里假定$E(v|x^*) = 0$，$var(v|x^*) = \sigma_v^2$，$x^* = x - v$因此，原有的模型可以写成:

$$y = \beta(x - v) + u = \beta x - \beta v + u = \beta x + e$$

在这里$e \equiv -\beta v + u$，我们可以看出$Cov(x, e) \neq 0$:如果用“$y = \beta x + e$”作为回归模型的话，x和e是存在相关关系。

第三，关于遗漏变量的偏差(omitted variable bias)。在模型中遗漏了一个既会影响y因变量又会影响y自变量的变量。例如，假设在决定因素的工资模型时，只将教育水平纳入解释变数中。虽然不能观察每个人的先天能力(ability)，但我们需要考虑一下这一变数，因为这可能会影响到工资，同时也会影响到教育水平。因此，在排除能力变量的情况下，模型的估计会使误差项中包含能力变量的信息，从而增加了误差项与教育水平变量相互关联的可能性。

当回归模型中存在内生说明变量时，可用工具变量(IV)解决：变量(instrumental variable)的估计。工具变量必须与回归模型中的误差项不相关，而与内生的说明变量相关。在IV估计中，工具变量的个数必须大于或等于内生解释变量的个数(order condition)。* 当工具变量的个数与内生说明变量的个数完全相同时，称为just- identified;当工具变量多于内生说明变量个数时，称为over-identified。对于过度识别，工具变量的符合性(validity)需要被检验。也就是说，需要通过对过度识别的检验来检验工具变量的必要条件，即它与误差项是否相关。

应该选择哪个工具变量?在供求模型的内生性情况下，可以选择一个影响某一产品均衡供应量但不影响需求量的变量作为候选变数。例如，在农业供求模型中，降水变量可以是工具变量。如果在工资决策模型中缺少了能力(ability) 变量，则可以选择一个与教育水平变量相关但不与误差项相关的内生变量，如父亲或母亲的教育水平作为工具变量。

以下将使用一个工资决策模型来解释IV估计。** 使用示例数据文件 R_data13_1.dta来估计下一个回归模型。

$$\ln(wage) = \beta_0 + \beta_1 educ + \beta_2 \mathrm{exper} + \beta_3 \mathrm{exper}^2 + e \tag{13.1}$$

此数据包含不同的调查结果，其中*wage*为平均工资，*educ*为教育水平，*exper*为工作年限。对于式13.1的OLS估计的结果是:

<结果 1> OLS 估计

```
. use R_data13_1, clear
. drop if wage==0
. gen lnwage=log(wage)
. gen exper2=exper^2
. reg  lnwage educ exper exper2

      Source |       SS       df       MS              Number of obs =     428
-------------+------------------------------           F(  3,   424) =   26.29
```

* 识别(identification)必须同时满足系数条件下(rank condition)才可以。关于系数条件(rank condition)请参见Wooldridge(2002)第5章。

** 本节内容由作者Adkins and Hill(2007) 第十章中的例题而构成。

```
       Model |  35.0222967     3  11.6740989           Prob > F      =  0.0000
    Residual |  188.305144   424  .444115906           R-squared     =  0.1568
-------------+------------------------------           Adj R-squared =  0.1509
       Total |  223.327441   427  .523015084           Root MSE      =  .66642

------------------------------------------------------------------------------
      lnwage |      Coef.   Std. Err.      t    P>|t|     [95% Conf. Interval]
-------------+----------------------------------------------------------------
        educ |   .1074896   .0141465     7.60   0.000     .0796837    .1352956
       exper |   .0415665   .0131752     3.15   0.002     .0156697    .0674633
      exper2 |  -.0008112   .0003932    -2.06   0.040    -.0015841   -.0000382
       _cons |  -.5220406   .1986321    -2.63   0.009    -.9124667   -.1316144
------------------------------------------------------------------------------
```

第一条命令语句是排除工资为0的观测值。然后取工资的自然对数，并建立工作年限变量的平方项来执行OLS。结果表明，*educ*变量的估计系数为0.107，意味着在其他条件相同的情况下，工人受教育水平每年增加10.7%。

正如我们在前面所提到的，能力变数是工资决定的重要变量，但在上面的模型中是排除在外的。因此，根据缺失变量偏差，*educ*变量和误差项之间可能存在关联，结果上面的估计系数可能不是一致的估计量。本节将讨论工具变数估计法中的两阶段最小二乘法(2SLS;two stage least squares estimation。估计至少需要一个工具变量。在给定的样本数据中，可能的工具变量是父亲的受教育程度(*fathereduc*)或母亲的受教育程度(*mothereduc*)。首先，作为just-identified的情况，我们以*fathereduc*作为工具变量。在Stata中，可以用简单的命令来估计2SLS。命令语句和执行结果如下:

<结果 2> 2SLS 估计

```
. ivregress 2sls lnwage exper exper2 (educ= fathereduc)

Instrumental variables (2SLS) regression              Number of obs =     428
                                                      Wald chi2(3)  =   25.18
                                                      Prob > chi2   =  0.0000
                                                      R-squared     =  0.1430
                                                      Root MSE      =   .6687

------------------------------------------------------------------------------
      lnwage |      Coef.   Std. Err.      z    P>|z|     [95% Conf. Interval]
-------------+----------------------------------------------------------------
```

```
        educ |   .0702263   .0342814     2.05   0.041     .003036    .1374165
       exper |   .0436716   .0133374     3.27   0.001    .0175308    .0698123
      exper2 |  -.0008822    .000399    -2.21   0.027   -.0016643   -.0001001
       _cons |  -.0611169   .4344019    -0.14   0.888    -.912529    .7902951
------------------------------------------------------------------------------
Instrumented:  educ
Instruments:   exper exper2 fathereduc
```

如上图所示，为了执行2SLS，必须在ivregress命令之后写上2SLS。在Stata第9版中可以缩写为ivreg，但在第10版以上的版本中就必须缩写为ivregress。然后填写因变量和自变量，最后用括号括起来，在里面指定内生变量和自变量和工具变量。在(educ=fathereduc)中，educ是内生变量，fathereduc是工具变量。以上估计结果表明*educ*变数的估计值(0.070)要小于之前OLS的估计值(0.107)。也就是说，在其他条件相同的情况下，随着教育年限的增加，工资将增长7.02%。

所谓两阶段最小二乘法估计就是通过两阶段最小乘法(OLS)估计的方法。首先，在步骤1中，以*educ*为因变量，以原模型中所有外在的自变量(即*exper*和exper2)和工具变量(即*fathereduc*)为自变量，然后用OLS估计下一个回归模型。

$$1단계：educ = \alpha_0 + \alpha_1 \mathrm{exper} + \alpha_1 \mathrm{exper}^2 + \alpha_2 fathereduc + u \tag{13.2}$$

估计的结果如下：

<结果 3> 2SLS-第一阶段 估计

```
. reg educ exper exper2 fathereduc

      Source |       SS       df       MS              Number of obs =     428
-------------+------------------------------           F(  3,   424) =   30.09
       Model |  391.477157     3  130.492386           Prob > F      =  0.0000
    Residual |   1838.7191   424  4.33660166           R-squared     =  0.1755
-------------+------------------------------           Adj R-squared =  0.1697
       Total |  2230.19626   427  5.22294206           Root MSE      =  2.0825

------------------------------------------------------------------------------
        educ |      Coef.   Std. Err.      t    P>|t|     [95% Conf. Interval]
-------------+----------------------------------------------------------------
       exper |   .0468243   .0411074     1.14   0.255    -.0339754     .127624
      exper2 |  -.0011504   .0012286    -0.94   0.350    -.0035652    .0012645
```

```
 fathereduc |   .2705061   .0288786     9.37   0.000     .2137431    .3272691
      _cons |   9.887034   .3956078    24.99   0.000     9.109438    10.66463
------------------------------------------------------------------------------
```

第一步估计后，求出$educ$变数的拟合值($\widehat{educ}$)。然后，将原始回归模型中的其他部分保留下来，并将下面的模型用OLS替换。

$$2阶段：\ln(wage)=\gamma_0+\gamma_1\widehat{educ}+\gamma_2\text{exper}+\gamma_3\text{exper}^2+v \quad (13.3)$$

命令语和估计结果如下:

<结果 4> 2SLS-第2阶段 估计

```
. predict educ_hat
(option xb assumed; fitted values)

. reg lnwage educ_hat exper exper2

     Source |       SS       df       MS              Number of obs =     428
-------------+------------------------------           F(  3,   424) =    7.50
      Model |  11.2579303     3  3.75264343           Prob > F      =  0.0001
   Residual |  212.069511   424   .50016394           R-squared     =  0.0504
-------------+------------------------------           Adj R-squared =  0.0437
      Total |  223.327441   427  .523015084           Root MSE      =  .70722

------------------------------------------------------------------------------
     lnwage |      Coef.   Std. Err.      t    P>|t|     [95% Conf. Interval]
-------------+----------------------------------------------------------------
   educ_hat |   .0702263    .036256     1.94   0.053    -.0010377    .1414902
      exper |   .0436716   .0141056     3.10   0.002     .0159459    .0713972
     exper2 |  -.0008822    .000422    -2.09   0.037    -.0017117   -.0000526
      _cons |  -.0611169   .4594243    -0.13   0.894    -.9641496    .8419159
------------------------------------------------------------------------------
```

在上面的结果中，*educ_hat*的估计系数与〈结果2〉中使用ivregress 2sls指令得到的*educ*变量的估计系数完全一致。而常数项及*educ*，*educ*2变数的估计系数，两结果也是一致的。但从这两个结果中可以看出，估计系数的标准差是不一样的*。此外，上面的〈结果2〉使用z分布检验估计系数的有效性，而上面的结果则使用t分布。这是因为当使用ivregress 2sls指令进行估计时，估计量的渐近正态分布(asymptotic distribution)

* 关于2SLS中估计系数的协方差矩阵的公式，参见Greene(2003，p.77)的Theorem 5.3

用于检验显著性。

但是，如果估计所用的观测数量不够多，可以通过使用较小选项的估计来进行更精确的假设检验。如果添加小选项，可以使用t分布而不是z分布来检验显著性，如下所示。但是，在这个例子中，有428个样本相当大，所以前面的〈结果2〉和下面的〈结果5〉

<结果 5> 2SLS-small 选项

```
. ivregress 2sls lnwage exper exper2 (educ= fathereduc), small

Instrumental variables (2SLS) regression

      Source |       SS       df       MS              Number of obs =     428
-------------+------------------------------           F(  3,   424) =    8.31
       Model |  31.9407878     3  10.6469293           Prob > F      =  0.0000
    Residual |  191.386653   424  .451383616           R-squared     =  0.1430
-------------+------------------------------           Adj R-squared =  0.1370
       Total |  223.327441   427  .523015084           Root MSE      =  .67185

------------------------------------------------------------------------------
      lnwage |      Coef.   Std. Err.      t    P>|t|     [95% Conf. Interval]
-------------+----------------------------------------------------------------
        educ |   .0702263   .0344427     2.04   0.042     .0025266     .137926
       exper |   .0436716   .0134001     3.26   0.001     .0173326    .0700105
      exper2 |  -.0008822   .0004009    -2.20   0.028    -.0016702   -.0000941
       _cons |  -.0611169   .4364461    -0.14   0.889    -.9189844    .7967505
------------------------------------------------------------------------------
Instrumented:  educ
Instruments:   exper exper2 fathereduc
```

此次得出的2SLS估计结果是以母亲教育水平(*mothereduc*)代替父亲教育水平作为工具变数。

<结果 6> 2SLS-运用工具变量 *mothereduc*

```
. ivregress 2sls lnwage exper exper2 (educ= mothereduc)

Instrumental variables (2SLS) regression               Number of obs =     428
                                                       Wald chi2(3)  =   22.25
                                                       Prob > chi2   =  0.0001
                                                       R-squared     =  0.1231
                                                       Root MSE      =  .67642
```

```
------------------------------------------------------------------------------
       lnwage |      Coef.   Std. Err.      z    P>|z|     [95% Conf. Interval]
-------------+----------------------------------------------------------------
        educ |    .049263   .0372607     1.32   0.186    -.0237666    .1222925
       exper |   .0448558   .0135132     3.32   0.001     .0183704    .0713413
      exper2 |  -.0009221   .0004045    -2.28   0.023    -.0017148   -.0001293
       _cons |   .1981861   .4706623     0.42   0.674    -.7242952    1.120667
------------------------------------------------------------------------------
Instrumented:  educ
Instruments:   exper exper2 mothereduc
```

将上面以父亲教育水平为工具变量的〈结果2〉与以母亲教育水平为工具变量的〈结果6〉进行比较，最显著的区别是后者的情况下*educ*变量不再显著。但教育水平对工资决定没有显著影响的说法并不符合直观。因此，*mothereduc*是否适合作为工具变量需要验证。

工具变量的适宜性可以用不同的方法来判断。最简单的方法之一是检验内生的说明变数之间的关系。如前所述，工具变量的条件越是与内生说明变量*educ*相关，工具变量就越是合适。在上面的例子中，计算*educ*变量和两个工具变量(*fathereduc*和*mothereduc*)的相关系数，表明*fathereduc*和*educ*的相关系数更高。从这一点看，*fathereduc*是更合适的工具变量。

```
. corr educ mothereduc fathereduc
(obs=428)

             |     educ mother~c father~c
-------------+---------------------------
        educ |   1.0000
  mothereduc |   0.3870   1.0000
  fathereduc |   0.4154   0.5541   1.0000
```

有一种方法是使用2SLS的第一步估计结果来判断哪些变量作为工具变量是适当的。也就是说，根据经验法则，对于2SLS(如上面的〈结果3〉)的第一步估计，如果工具变量*t*值大于3.3，则具有适当相关。在上面的例子中，*fathereduc*变量的*t*值为9.37，而*matheredu*c变量的*t*值为8.60(未给出)。因此，这两个变量在此标准上具有相关性。

另一种判断工具变量一致性的方法是使用estat first命令，estat first命令只能在使用ivregress命令执行一个估计之后才能使用。Stata命令和执行结果如下:

```
. qui ivregress 2sls lnwage exper exper2 (educ= fathereduc)

. estat first

Instrumental variables (2SLS) regression

      Source |       SS       df       MS              Number of obs =     428
-------------+------------------------------           F(  3,   424) =   30.09
       Model |  391.477157     3  130.492386           Prob > F      =  0.0000
    Residual |   1838.7191   424  4.33660166           R-squared     =  0.1755
-------------+------------------------------           Adj R-squared =  0.1697
       Total |  2230.19626   427  5.22294206           Root MSE      =  2.0825

------------------------------------------------------------------------------
        educ |      Coef.   Std. Err.      t    P>|t|     [95% Conf. Interval]
-------------+----------------------------------------------------------------
       exper |   .0468243   .0411074     1.14   0.255    -.0339754     .127624
      exper2 |  -.0011504   .0012286    -0.94   0.350    -.0035652    .0012645
  fathereduc |   .2705061   .0288786     9.37   0.000     .2137431    .3272691
       _cons |   9.887034   .3956078    24.99   0.000     9.109438    10.66463
------------------------------------------------------------------------------
(no endogenous regressors)

 ( 1)  fathereduc = 0

       F(  1,   424) =   87.74
            Prob > F =    0.0000

  First-stage regression summary statistics
  --------------------------------------------------------------------------
               |            Adjusted      Partial
      Variable |   R-sq.       R-sq.        R-sq.     F(1,424)   Prob > F
  -------------+------------------------------------------------------------
          educ |  0.1755      0.1697       0.1715      87.7409    0.0000
  --------------------------------------------------------------------------

  Minimum eigenvalue statistic = 87.7409
  Critical Values                      # of endogenous regressors:    1
  Ho: Instruments are weak             # of excluded instruments:     1
  ---------------------------------------------------------------------
                                     |    5%     10%     20%     30%
  2SLS relative bias                 |         (not available)
  -----------------------------------+---------------------------------
                                     |   10%     15%     20%     25%
  2SLS Size of nominal 5% Wald test  |  16.38    8.96    6.66    5.53
  LIML Size of nominal 5% Wald test  |  16.38    8.96    6.66    5.53
  ---------------------------------------------------------------------
```

命令*estat first*的执行结果，首先显示2SLS的第一步估计结果，然后通过*F*检验提示工具变量*fathereduc*的有效性。根据经验法则，当*F*检验统计量大于10时，可以判断它与内生变量具有适当的相关关系[*]。

在上述结果中，*fathereduc*变量的*F*值为87.74，远远大于10。前一结果的下端是选择的工具变量是weak instrument(即与内生变量为弱相关关系)的假设检验结果。检验统计量(Minimum eigenvalue statistic)为87.74，并给出判断的临界量。2SLS relative bias的临界量是未知的，因此可以使用2SLS Size of nominal 5% Wald试验的临界量。由于显著性水平10%可注意临界值为16.38，故拒绝原假设。也就是说，可以判断*fathereduc*变数不是一个weak instrument。

下面的例子是同时使用*fathereduc*和*mothereduc*作为工具变量的情况。对于这种过度识别(over-identified) 的情况，让我们来看看如何判断工具变量的适用性。首先，2SLS估计结果如下:

```
. ivregress 2sls lnwage exper exper2 (educ= fathereduc mothereduc)

Instrumental variables (2SLS) regression              Number of obs =      428
                                                      Wald chi2(3)  =    24.65
                                                      Prob > chi2   =   0.0000
                                                      R-squared     =   0.1357
                                                      Root MSE      =   .67155

------------------------------------------------------------------------------
      lnwage |      Coef.   Std. Err.      z    P>|z|     [95% Conf. Interval]
-------------+----------------------------------------------------------------
        educ |   .0613966   .0312895     1.96   0.050     .0000704    .1227228
       exper |   .0441704   .0133696     3.30   0.001     .0179665    .0703742
      exper2 |   -.000899   .0003998    -2.25   0.025    -.0016826   -.0001154
       _cons |   .0481003    .398453     0.12   0.904    -.7328532    .8290538
------------------------------------------------------------------------------
Instrumented:  educ
Instruments:   exper exper2 fathereduc mothereduc
```

此结果显示*educ*参数在约5%的水平上是显著的。在过度识别的情况下，需要两种

[*] 对单一参数的显著性检验。因此，*t*值大于3.3和F值大于10是相同的。

测试来确定工具变量的适宜性。如前所述，需要确定所使用的工具变量是否与*educ*变量相关。如果estat first结果中的*F*检验统计量值大于10，则可以大致否决weak instrument的零假设。由下面的结果可知，*F*值为55.40，大于10。

```
. estat first

  First-stage regression summary statistics
  --------------------------------------------------------------------------
               |            Adjusted      Partial
      Variable |   R-sq.       R-sq.        R-sq.      F(2,423)   Prob > F
  -------------+------------------------------------------------------------
          educ |  0.2115      0.2040       0.2076       55.4003    0.0000
  --------------------------------------------------------------------------


  Minimum eigenvalue statistic = 55.4003

  Critical Values                      # of endogenous regressors:    1
  Ho: Instruments are weak             # of excluded instruments:     2
  ---------------------------------------------------------------------
                                     |    5%      10%     20%     30%
  2SLS relative bias                 |         (not available)
  -----------------------------------+---------------------------------
                                     |   10%      15%     20%     25%
  2SLS Size of nominal 5% Wald test  |  19.93    11.59    8.75    7.25
  LIML Size of nominal 5% Wald test  |   8.68     5.33    4.42    3.92
  ---------------------------------------------------------------------
```

另一项检验是检查工具变量与误差项无关[*]，而正确的原假设是“工具变量中至少有一个与误差项无关”。使用estat overid命令。执行结果如下:

```
. estat overid
  Tests of overidentifying restrictions:

  Sargan (score) chi2(1) =  .378071  (p = 0.5386)
  Basmann chi2(1)        =  .373985  (p = 0.5408)
```

Sargan和Basmann的过度识别检验结果在5%显著水平上接受原假设，因为*p*值大于0.05。也就是说，工具变量和误差项没有关系。需要注意的是，要使用estat overid命

[*] 正确的原假设是(假设内生解释变量只有一个时候)工具变量中至少有一个与误差项无关。

令，工具变量的数量必须大于内生变量的数量。当工具变量的个数与内生说明变量的个数同时识别(just-identified)时，使用estat overid命令会得到一条错误消息。

上述结果中的Sargan检验统计量为LM(Lagrange Multiplier) 检验。首先估计2SLS，然后生成残差。以残差为因变量，用工具变量和外生自变量作为新解释变量的模型求出。在这里Sargan的检验统计量是$n \times R^2$。根据以上说明，直接求出Sargan统计量的结果如下：

```
. qui ivregress 2sls lnwage exper exper2 (educ= fathereduc mothereduc)

. predict ehat, resid

. reg  ehat  mothereduc fathereduc exper exper2

      Source |       SS       df       MS              Number of obs =     428
-------------+------------------------------           F(  4,   423) =    0.09
       Model |  .170503136     4  .042625784           Prob > F      =  0.9845
    Residual |   192.84951   423  .455909007           R-squared     =  0.0009
-------------+------------------------------           Adj R-squared = -0.0086
       Total |  193.020013   427  .452037502           Root MSE      =  .67521

------------------------------------------------------------------------------
        ehat |      Coef.   Std. Err.      t    P>|t|     [95% Conf. Interval]
-------------+----------------------------------------------------------------
  mothereduc |  -.0066065   .0118864    -0.56   0.579    -.0299704    .0167573
  fathereduc |   .0057823   .0111786     0.52   0.605    -.0161902    .0277547
       exper |  -.0000183   .0133291    -0.00   0.999    -.0262179    .0261813
      exper2 |   7.34e-07   .0003985     0.00   0.999    -.0007825     .000784
       _cons |   .0109641   .1412571     0.08   0.938    -.2666892    .2886173
------------------------------------------------------------------------------

. di e(N)*e(r2)
0.37807138
```

最后的结果与前面用estat overid命令语得到的Sargan检验统计量结果完全一致。检验统计遵循卡方分布，其自由度计算如下:

自由度 = 工具变量个数 − 内生解释变量个数

因为上面的例子是两个工具变量和一个内生变量，所以自由度是1。

13.2解释变量内生假设检验

了解如何在下面的模型中，检验*educ*变数的内生性，这和之前的一节是相同的

$$\ln(wage) = \beta_0 + \beta_1 educ + \beta_2 \mathrm{exper} + \beta_3 \mathrm{exper}^2 + e$$

最常用的假设检验是Hausman检验。其中，原假设说明x相关解释变数和误差项e的协方差为0，x是外生的变量;研究假设协方差为0，是内生的变量。

$$H_0: \ cov(x,e) = 0 \ (\text{外生的})$$
$$H_1: cov(x,e) \neq 0 \ (\text{内生的})$$

对于Hausman检验，需要先进行2SLS和OLS估计，然后使用estimates store命令语保存这些结果。

```
. qui ivregress 2sls lnwage exper exper2 (educ=fathereduc mothereduc)
. estimates store iv

. qui reg lnwage educ exper exper2
. estimates store ols
```

前面的第一条和第二条是*fathereduc*和*mothereduc*作为工具变量进行2SLS估计，将结果保存为iv，第三条和第四条执行命令语OLS估计，并将结果保存为OLS。在完成了以上的假设之后，调用下面的对话窗来进行Hausman测试。

```
. db hausman
```

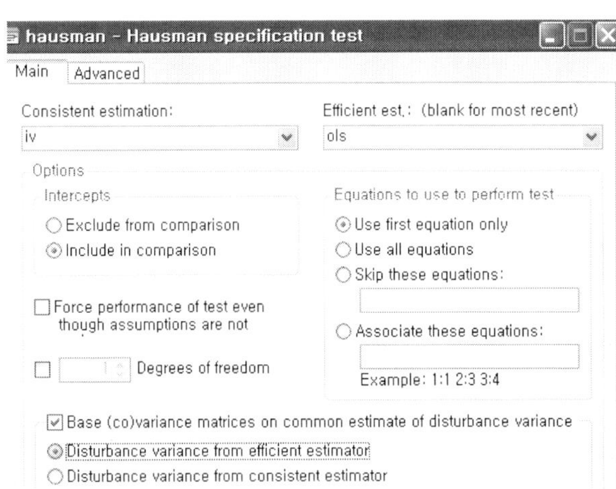

对话窗Main type上的Consistent estimation指定2SLS结果(即iv)，Efficient est指定OLS估计结果(即OLS)[*]。对话窗Main type上的Consistent estimation指定2SLS结果(即iv)，Efficient est指定OLS估计结果(即OLS)。选项在Intercepts中选择包含常量项的选项，最后变为Base (co)varaince…在variance from efficient estimator中选择Disturbance variance。该命令语及执行结果如下:

```
. hausman iv ols, constant sigmamore

                 ---- Coefficients ----
             |      (b)          (B)            (b-B)     sqrt(diag(V_b-V_B))
             |       iv          ols          Difference          S.E.
-------------+----------------------------------------------------------------
        educ |    .0613966     .1074896        -.046093        .0276406
       exper |    .0441704     .0415665        .0026039        .0015615
      exper2 |    -.000899    -.0008112       -.0000878        .0000526
       _cons |    .0481003    -.5220406        .5701409        .3418964
------------------------------------------------------------------------------
                          b = consistent under Ho and Ha; obtained from ivregress
           B = inconsistent under Ha, efficient under Ho; obtained from regress

    Test:  Ho:  difference in coefficients not systematic

                  chi2(1) = (b-B)'[(V_b-V_B)^(-1)](b-B)
                          =        2.78
                Prob>chi2 =      0.0954
                (V_b-V_B is not positive definite)
```

必须在Hausman命令之后以iv和ols顺序命名。如果顺序颠倒，就会得到完全不同的结果。由于检验统计量的*p*值(0.095)小于0.1，大于0.05，故在10%显著性水平下，估计结果可以拒绝原假设(*educ*变数的外生性)，但在5%显著性水平下则无法拒绝。Hausman检验统计遵循卡方分布，在这种情况下，分布的自由度是内生自变量的个数，所以自由度在本题中是1.

Hausman检验的*p*值可以通过以下步骤得到:首先，内生解释变数的检验对象*educ*变数作为因变量，工具变数和原模型的其他解释变数作为新的自变量，然后估计回

---

[*] 在示例模型中，工具变量(IV)的估计总是一致性的估计变量，无论*educ*变量是内生的还是外生的。而OLS估计只有当*educ*变数是外生的时才是一致的估计变量。在原假设下(即：*educ*变量是外生的)，OLS估计是一致的估计量，而且比IV估计更有效(efficient)的估计量。在Huasman对话窗中Efficient est就是这个意思。

归模型为OLS。

$$educ = \alpha_0 + \alpha_1 \text{exper} + \alpha_1 \text{exper}^2 + \alpha_2 fathereduc + \alpha_3 mothereduc + u \quad (13.4)$$

然后将这个模型的残差变量()加入到原始回归模型的解释变量中，然后用OLS估计回归模型。

$$\ln(wage) = \gamma_0 + \gamma_1 \widehat{educ} + \gamma_2 educ + \gamma_3 \text{exper} + \gamma_4 \text{exper}^2 + v \quad (13.5)$$

式13.5估计的结果中，变量的p值与Hausman卡方检验统计量的p值完全相符。下面是对此的确认。

```
. qui reg  educ mothereduc fathereduc exper exper2
. predict educ_hat, resid

. reg  lnwage educ_hat educ exper exper2

      Source |       SS       df       MS              Number of obs =     428
-------------+------------------------------           F(  4,   423) =   20.50
       Model |  36.2573098     4  9.06432745           Prob > F      =  0.0000
    Residual |  187.070131   423  .442246173           R-squared     =  0.1624
-------------+------------------------------           Adj R-squared =  0.1544
       Total |  223.327441   427  .523015084           Root MSE      =  .66502

------------------------------------------------------------------------------
      lnwage |      Coef.   Std. Err.      t    P>|t|     [95% Conf. Interval]
-------------+----------------------------------------------------------------
    educ_hat |   .0581666   .0348073     1.67   0.095    -.0102501    .1265834
        educ |   .0613966   .0309849     1.98   0.048      .000493    .1223003
       exper |   .0441704   .0132394     3.34   0.001     .0181471    .0701937
      exper2 |   -.000899   .0003959    -2.27   0.024    -.0016772   -.0001208
       _cons |   .0481003   .3945753     0.12   0.903    -.7274721    .8236727
------------------------------------------------------------------------------
```

*educ_hat*估计系数的p值为0.095，与Hausman卡方检验统计量的p值一致。

另一种检测*educ*变量内生性的方法是先用2SLS估计模型，然后再使用estat endogenous命令。

```
. qui ivregress 2sls lnwage exper exper2 (educ= fathereduc mothereduc)

. estat endogenous

  Tests of endogeneity
  Ho: variables are exogenous

  Durbin (score) chi2(1)          =  2.80707  (p = 0.0938)
  Wu-Hausman F(1,423)             =  2.79259  (p = 0.0954)
```

如前所示，执行estat endogenous命令可以得出两个Durbin检验和Wu- Hausman检验。Durbin使用LM检验统计量，Wu-Hausman使用*F*检验统计量。两种检验的*p*值均小于0.1，大于0.05。因此，在10%显著性水平上，可拒绝*educ*变数的外生性的原假设，但在5%显著性水平上，则不可以拒绝。这与之前描述的Hausman检验结果是一致的。在等式13.5的估计中，Wu-Hausman的*F*检验统计值(2.79)与系数的t值(1.67)的乘方值一致。

13.3 Stata do file

```
use R_data13_1, clear
drop if wage==0
gen lnwage=log(wage)
gen exper2=exper^2
reg  lnwage educ exper exper2

ivregress 2sls lnwage exper exper2 (educ= fathereduc)
reg educ exper exper2 fathereduc
predict educ_hat
reg lnwage educ_hat exper exper2

ivregress 2sls lnwage exper exper2 (educ= fathereduc), small
ivregress 2sls lnwage exper exper2 (educ= mothereduc)
corr educ mothereduc fathereduc
qui ivregress 2sls lnwage exper exper2 (educ= fathereduc)
```

```
estat first
ivregress 2sls lnwage exper exper2 (educ= fathereduc mothereduc)
estat first
estat overid

qui ivregress 2sls lnwage exper exper2 (educ= fathereduc mothereduc)
predict ehat, resid
reg  ehat  mothereduc fathereduc exper exper2
di e(N)*e(r2)

qui ivregress 2sls lnwage exper exper2 (educ=fathereduc mothereduc)
estimates store iv
qui reg lnwage educ exper exper2
estimates store ols
db hausman
hausman iv ols, constant sigmamore

qui reg  educ mothereduc fathereduc exper exper2
predict educ_hat, resid
reg  lnwage educ_hat educ exper exper2

qui ivregress 2sls lnwage exper exper2 (educ= fathereduc mothereduc)
estat endogenous
```

CHAPTER 14 与线性回归模型相关的检验

14.1 Chow 检验

Chow检验可用于判断时间序列模型在某一时间点前后模型的系数是否有结构变化(structural change)。其方法是将全部的样本期间分为两个期间后，用线性回归模型估计各期间，再检验解释变数的系数是否相等。首先设定整个期间的线性回归模型如下:

$$y_t = \beta_0 + \beta_1 x_{1t} + \beta_2 x_{2t} + e_t, \qquad t = 1, \cdots, T_1, T_1 + 1, \cdots, T \tag{14.1}$$

如果在时间点 T_1 前后发生了结构性变化(例如：在1997年外汇危机前后发生的结构变化)，那么可以将这个时间设定为前后线性回归模型相互不同。即：执行命令语如下：

$$y_t = \gamma_0 + \gamma_1 x_{1t} + \gamma_2 x_{2t} + v_t, \quad t = 1, \cdots, T_1 \tag{14.2}$$

$$y_t = \theta_0 + \theta_1 x_{1t} + \theta_2 x_{2t} + u_t, \quad t = T_1 + 1, \cdots, T \tag{14.3}$$

在这里式14.3的样本大小 $T_2 \equiv T - T_1$ 为。Chow检验的原假设如下:

$$H_0 : \gamma_0 = \theta_0,\ \gamma_1 = \theta_1,\ \gamma_2 = \theta_2$$

也就是说，对于两个周期，式14.2和式14.3的估计系数是相等的。Chow检验统计量如下:

$$\text{Chow} = \frac{(S_C - (S_1 + S_2))/k}{(S_1 + S_2)/(T_1 + T_2 - 2k)} \sim F(k, T_1 + T_2 - 2k) \tag{14.4}$$

在这里，k包含常数项的解释变量数，S_C是整个期间数据的残差平方和(SSE)，S_1是由14.2得到的残差平方和，S_2由14.3得到的残差平方和。

由于Stata中没有专门的Chow检验命令，前面给出的Chow检验统计量需要直接计算。使用示例数据文件R_data14_1.dta估计下一个回归模型:

$$ci_t = \beta_0 + \beta_1 invb_t + \beta_2 rff_t + e_t$$

这个例子中的数据集是1954年第四季度到1992年第三季度的宏观金融指标，在模型中*ci*代表企业贷款增长率，*invb*代表库存增长率，*rff*代表联邦基金利率的变化幅度。本例将测试1980年第一季度的结构变化。因此，第一个时期从1954年第四季度至1979年第四季度，第二个时期从1980年第一季度至1992年第三季度。首先，如果使用时间序列数据(例如给定数据集)来估计一个回归模型，那么在估计模型之前，必须使用tsset命令告知内存中的数据是时间序列。为了达到这个目的，需要使用数据集中的year和quarter变量重新创建一个日期变量(变数名：date)，然后使用tsset命令。

```
. use R_data14_1, clear
. gen date=yq(year, quarter)
. format date %tq
. tsset date
```

现在为了计算Chow检验统计量，执行以下一系列的估计。

```
. reg  ci invb rff

      Source |       SS       df       MS              Number of obs =     152
-------------+------------------------------           F(  2,   149) =   44.10
       Model |  .022539508     2  .011269754           Prob > F      =  0.0000
    Residual |  .038077258   149  .000255552           R-squared     =  0.3718
-------------+------------------------------           Adj R-squared =  0.3634
       Total |  .060616766   151  .000401436           Root MSE      =  .01599

------------------------------------------------------------------------------
          ci |      Coef.   Std. Err.      t    P>|t|     [95% Conf. Interval]
-------------+----------------------------------------------------------------
        invb |   .6561113   .0942974     6.96   0.000     .4697785    .8424441
         rff |   .3917975   .1318705     2.97   0.003     .1312196    .6523754
       _cons |   .0112865   .0018868     5.98   0.000     .0075583    .0150148
------------------------------------------------------------------------------

. scalar s_c=e(rss)
```

```
. reg  ci invb rff if date<q(1980Q1)

      Source |       SS       df       MS              Number of obs =     101
-------------+------------------------------           F(  2,    98) =   34.50
       Model |  .01865025     2  .009325125            Prob > F      =  0.0000
    Residual | .026489115    98  .000270297            R-squared     =  0.4132
-------------+------------------------------           Adj R-squared =  0.4012
       Total | .045139364   100  .000451394            Root MSE      =  .01644

------------------------------------------------------------------------------
          ci |      Coef.   Std. Err.      t    P>|t|     [95% Conf. Interval]
-------------+----------------------------------------------------------------
        invb |   .7477995   .1265451     5.91   0.000     .4966748    .9989242
         rff |   .5490564   .2180154     2.52   0.013     .1164118    .9817009
       _cons |    .010417   .0026735     3.90   0.000     .0051115    .0157224
------------------------------------------------------------------------------

. scalar s_1=e(rss)

. reg  ci invb rff if date>=q(1980Q1)

      Source |       SS       df       MS              Number of obs =      51
-------------+------------------------------           F(  2,    48) =    6.96
       Model | .002740334     2  .001370167            Prob > F      =  0.0022
    Residual | .009447726    48  .000196828            R-squared     =  0.2248
-------------+------------------------------           Adj R-squared =  0.1925
       Total | .012188059    50  .000243761            Root MSE      =  .01403

------------------------------------------------------------------------------
          ci |      Coef.   Std. Err.      t    P>|t|     [95% Conf. Interval]
-------------+----------------------------------------------------------------
        invb |   .3320321   .1452914     2.29   0.027     .0399041    .6241601
         rff |   .3040198   .1481381     2.05   0.046     .0061681    .6018714
       _cons |   .0120932   .0024118     5.01   0.000     .0072439    .0169425
------------------------------------------------------------------------------

. scalar s_2=e(rss)
```

在此之前，我总共做了三次OLS估计，每次都用scalar储存了rss(残差平方和)。对同一模型进行了三次不同时期的估计:第一次是整个时期，第二次是到1979年第四季度，第三次是在1980年第一季度之后。在完成这些估计之后，可以根据公式14.4计算Chow检验统计量如下:

```
. scalar chow1=(s_c-(s_1+s_2))/3
. scalar chow2=(s_1+s_2)/(101+51-6)
. scalar chow3=chow1/chow2

. di "Chow test statistic" "     " chow3
Chow test statistic    2.8986129
. di Ftail(3,146,chow3)
0.03714307
```

在最后的结果中，p值(0.03)小于0.05，在5%显著水平拒绝原假设(所有系数在1980年第一季度之前和之后相等)。

以上的Chow检验也可以使用虚拟变量来完成。即使用虚拟变量来区分期间，通过各解释变量和虚拟变量的相互作用效果(interaction effect)来检验结构变化的有无。首先，创建一个虚变量(*dum_1980*)，它在1980年第一季度之后值为1，并将其乘以每个说明变量，得到一个交互变量(*dum_invb*，*dum_rff*)。

```
. gen dum_1980=date>=q(1980Q1)
. gen dum_invb= dum_1980*invb
(1 missing value generated)
. gen dum_rff= dum_1980*rff
(1 missing value generated)
```

现运用历年数据，在原有回归模型中$ci=\beta_0+\beta_1 invb+\beta_2 rff+e$加入虚拟变量和相互作用变量作为自变量，估计出新的模型如下:

```
. reg  ci dum_1980 invb  dum_invb rff dum_rff

      Source |       SS       df       MS              Number of obs =     152
-------------+------------------------------           F(  5,   146) =   20.05
       Model |  .024679926     5  .004935985           Prob > F      =  0.0000
    Residual |   .03593684   146  .000246143           R-squared     =  0.4071
-------------+------------------------------           Adj R-squared =  0.3868
       Total |  .060616766   151  .000401436           Root MSE      =  .01569

------------------------------------------------------------------------------
```

```
          ci |      Coef.   Std. Err.      t    P>|t|     [95% Conf. Interval]
-------------+----------------------------------------------------------------
    dum_1980 |   .0016762   .0037126     0.45   0.652    -.0056611    .0090135
        invb |   .7477995   .1207587     6.19   0.000     .5091386    .9864604
    dum_invb |  -.4157674   .2024383    -2.05   0.042    -.8158555   -.0156794
         rff |   .5490564   .2080463     2.64   0.009     .1378849    .9602278
     dum_rff |  -.2450366   .2659445    -0.92   0.358    -.7706348    .2805616
       _cons |    .010417   .0025512     4.08   0.000     .0053749    .0154591
------------------------------------------------------------------------------
. test  dum_1980 dum_invb dum_rff

 ( 1)  dum_1980 = 0
 ( 2)  dum_invb = 0
 ( 3)  dum_rff = 0

       F(  3,   146) =    2.90
            Prob > F =    0.0371
```

上面结果中的第二条语句是*F*检验虚拟变量和两个相互作用变量同时的显著性水平，其结果显示在5%上显著性水平上驳回原假设。也就是说，不能认为企业贷款模型的上常数项和系数的值在1980年以前和以后都是一样的。值得注意的是，上面计算出的*F*统计量与用公式计算出的Chow检验统计量完全相符。

在此之前，我们测试了回归模型中所有的参数(包括常数项)是否发生了结构变化。如果您想要测试一个特定变量，例如*invb*变量是否有结构变化，必须在估计模型中只包含该变量的交互变量(即*dum_rff*)。命令语和执行结果如下:

```
. reg  ci invb dum_invb rff

      Source |       SS       df       MS              Number of obs =     152
-------------+------------------------------           F(  3,   148) =   33.09
       Model |  .024335659     3  .008111886           Prob > F      =  0.0000
    Residual |  .036281107   148  .000245143           R-squared     =  0.4015
-------------+------------------------------           Adj R-squared =  0.3893
       Total |  .060616766   151  .000401436           Root MSE      =  .01566

------------------------------------------------------------------------------
          ci |      Coef.   Std. Err.      t    P>|t|     [95% Conf. Interval]
-------------+----------------------------------------------------------------
        invb |   .7462745     .09818     7.60   0.000     .5522588    .9402902
    dum_invb |  -.3997071   .1476658    -2.71   0.008    -.6915127   -.1079014
         rff |   .3941576   .1291598     3.05   0.003      .138922    .6493931
```

```
       _cons |   .0111435   .0018487     6.03   0.000     .0074903    .0147968
------------------------------------------------------------------------------

. test  dum_invb

 ( 1)  dum_invb = 0

       F(  1,   148) =    7.33
            Prob > F =    0.0076
```

假设常量和*rff*系数在两段时间内是相等的，然后只检验*invb*的系数是否变化。为此，在引入交互变量*dum_rff*进行估计之后，进行了显著性检验。由于*p*值小于0.01，在1%显著水平上拒绝原假说。在1980年以前，*invb*的系数是不一样的。

这个检验也可以使用一般*F*检验约束的方法进行。如果您将此假设为期间D_t虚拟变量，那么没有约束条件的研究模型如下:

$$y_t = \beta_0 + \beta_1 x_{1t} + \gamma(D_t x_{1t}) + \beta_2 x_{2t} + e_t,\ \ t = 1, \cdots, T$$

其次，有约束(即 $\gamma = 0$)的模型如下:

$$y_t = \beta_0 + \beta_1 x_{1t} + \beta_2 x_{2t} + e_t, \quad t = 1, \cdots, T$$

检验约束条件的*F*统计量为:

$$\frac{(RSSE - USSE)/J}{USSE/(T-k)} \sim F(J,\ T-k)$$

*RSSE*是约束模型中的*SSE*，*USSE*是没有约束模型中的*SSE*，*J*是原假设中所设约束的数。在上面的例子中$J=1$，具体计算过程详见8.3节*F*检验。

14.2 Hansen 检验

上一节检验的是在某一时刻前后的稳定性(或是否存在结构变化)，本节介绍一项Hansen检验，检验在整个采样期间的系数是否稳定。假设线性回归模型如下：

$$y_t = \beta_0 + \beta_1 x_{1t} + \cdots + \beta_{m-1} x_{(m-1)t} + e_t,\ t = 1, \cdots, T \tag{14.5}$$

假设e_t误差项是$E(e_t|x_t)=0$，$E(e_t^2|x_t)=\sigma^2$，在这个模型中未知的参数是$(\beta_0, \beta_1, \cdots, \beta_{m-1}, \sigma)$和$(m+1)$个。将这些参数用最优估计(MLE; Maximum Likelihood Estimation)代替最小二乘法(OLS)，利用最大概率估计，可以得到如下的(first-order condition)一阶条件：

$$f = \begin{cases} x_{it}\hat{e}_t, & i = 1, \cdots, m \\ \hat{e}_t^2 - \hat{\sigma}_t^2, & i = m+1 \end{cases}$$

Hansen提出了如下的一阶段条件下的检验统计，用以检验单个估计系数的稳定性。

$$L_i = \frac{1}{T \times V_i} \sum_{t=1}^{T} S_{it}^2,\quad i = 1, \cdots, m+1 \tag{14.6}$$

这里$S_{ih} = \Sigma_{t=1}^{h} f_{it}$定义为$V_i = \Sigma_{t=1}^{T} f_{it}^2$。Hansen检验除了单个系数的稳定性外，还提供了联合检验统计量(joint test)，可以同时检验14.5式中所有系数的稳定性*。由于公式14.6的检验统计量并不遵循特定分布，因此要获得临界值必须使用Hansen(1992)提出的表1，临界量取决于自由度(m+1)。

Hansen举例的线性回归模型如下(举例数据文件 R_data14_2.dta):

$$y_t = \alpha + \beta y_{t-1} + e_t$$

这里y_t是各年度国民生产总值(GNP)的增长率。上面的模型是测定某一年的国民生产总值(GNP)增长率与1年前的GNP增长率所产生的影响。然而，在不同的时间点上，斜率系数可能不稳定。因此，人们想要使用Hansen的检验方法来检验整个采样期间的估计系数是否稳定。在Stata中执行Hansen检验，执行findit hansen2.需要下载

* 如果是联合检验，检验统计量参见Hansen(1992) p.522

ado文件[*]。在完成安装后，下面将生成估计所需的变量:

```
. use R_data14_2, clear
. tsset year
        time variable:  year, 1869 to 1987
                delta:  1 unit
. gen d_lgnp=D.lgnp
(1 missing value generated)
. gen d_lgnp1=LD.lgnp
(2 missing values generated)
```

在这里，D.lgnp取GNP对数的lgnp变数的差值(D)得到增长率(即，y_t)，LD.lgnp取GNP增长率(L)得到第一个期之前的GNP增长率(即，y_t)。使用hansen2命令可以对估计系数的稳定性进行如下的检验:

```
. hansen2  d_lgnp d_lgnp1 if year>=1890, reg
Annual data:  22 to 119    (98 obs)

      Source |       SS       df       MS              Number of obs =      98
-------------+------------------------------           F(  1,    96) =   14.64
       Model |  .032634852     1  .032634852           Prob > F      =  0.0002
    Residual |  .214015786    96  .002229331           R-squared     =  0.1323
-------------+------------------------------           Adj R-squared =  0.1233
       Total |  .246650638    97   .00254279           Root MSE      =  .04722

------------------------------------------------------------------------------
      d_lgnp |      Coef.   Std. Err.      t    P>|t|     [95% Conf. Interval]
-------------+----------------------------------------------------------------
     d_lgnp1 |   .3637395   .0950686     3.83   0.000     .1750299    .5524492
       _cons |   .0116261   .0050745     2.29   0.024     .0015534    .0216988
------------------------------------------------------------------------------

Individual Statistics

   d_lgnp1 =  .18729465
     _cons =  .02664747
     sigma =  .44824299

Joint test statistic with 3 degrees of freedom:

       _Lc =  .71990704
```

* 同时也执行findit tsfit，也需要下载tsfit.ado文件

如前所示，如果在命令中加入reg选项，它可以给出整个示例周期的估计结果。其中“Individual Statistics”提供三个参数的统计检验。首先，y_{t-1}(d_lgnp1)的估计系数的检验统计量是0.187。Hansen的Table 1，当自由度为1时，10%临界量为0.35。因此，在10%显著性水平上接受原假设，只有σ(sigma) 在10%置信水平上否决原假设。

这就是说，σ估计值在整个期间是不稳定的。接着Joint test...得到三个参数的组合检验。当试验统计量为0.719时，自由度为3时，10%显著性水平，临界量为0.85，所以接受原假设。可以看出，Stata得到的结果和Hansen(1992)的Table 2的结果完全相符。Hansen认为，上述结果与已有的相关研究的结论相违背，因此，在解释时需要注意。

14.3 CUSUM 和 CUSUMQ 检验

当使用时间序列数据估计线性回归模型时，除了我们已经提到的Chow检验和Hansen检验外，还有CUSUM检验和CUSUMQ检验来检验系数的稳定性。这两种检验的基本思想是对给定数据的采样周期进行连续不断的反复估计，然后检验系数的稳定性。下面给出一个线性回归模型:

$$Y = X\beta + e \qquad t = 1, \cdots, K, K+1, \cdots, T$$

这里X是$T\times l$矩阵，β是 $l\times 1$向量。为了检验系数的稳定性，Brown et. al(1975)给出了下面的检验统计量:

$$W_t = \sum_{r=K+1}^{t} \frac{w_r}{s}, \qquad t = K+1, \cdots, T \tag{14.7}$$

$$w_r = \frac{(y_r - x_r'\hat{\beta}_{r-1})}{(1 + x_r'(X'_{r-1}X_{r-1})x_r')} \quad s = \sqrt{\frac{\hat{e}'\hat{e}}{T-l}}$$

w_r值为scaled residual，$\hat{\beta}_{r-1}$是 $t = 1, \cdots, r-1$基于样本的估计系数，s是基于整个样本周期计算的回归直线的标准差(standard error of the regression)。如果在采样期间内系数是稳定的，那么检验统计量 W_t的近似等于0。如果假设检验的显著性水平为5%，则K点与T点之间连接的直线为临界值，如下所示:

$$[K,\ \pm 0.948(T-K)^{1/2}]\ \text{및}\ [T,\ \pm 3\times 0.948(T-K)^{1/2}]$$

CUSUMQ是对误差项方差的稳定性检验，其检验统计量如下:

$$S_t = \frac{\sum_{r=K+1}^{t} w_r^2}{\sum_{r=K+1}^{T} w_r^2} \tag{14.8}$$

根据Brown et. al(1975)，$E(S_t)=(t-K)/(T-K)$在时点是0，而在时点是1。如果值不超出5%显著性临界值，则误差项的方差在整个采样期间是稳定的。

为了在Stata中检验CUSUM和CUSUMQ，cusum6也通过findit cusum6。需要找到并下载ado命令程序。现在切换到数据文件 R_ data14_3.dta。使用 R_ data14_3.dta可以对下列的回归模型进行CUSUM检验:

$$ci_t = \beta_0 + \beta_1 invb_t + \beta_2 rff_t + e_t$$

这个例子中的数据集代表了从1954年第四季度到1992年第三季度的宏观金融指标，其中*ci*代表企业贷款增长率，*invb*代表库存增长率，*rff*代表联邦基金利率的变化幅度。由于这是时间序列数据，日期变数生成过程如下:

```
. use R_data14_3, clear
. gen date=yq(year, quarter)
. format date %tq
. tsset date
        time variable:  date, 1954q3 to 1992q3
                delta:  1 quarter
```

CUSUM和CUSUMQ的测试如下命令和执行结果。

```
. cusum6  ci invb rff
```

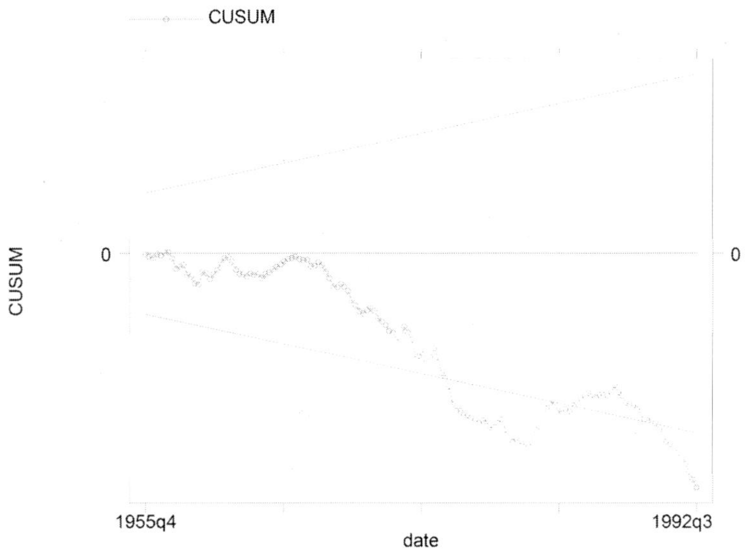

测试结果如图所示，语句可以在cusum6命令后面列出模型的从属变量和说明变量。不过，上面的图片是基于Stata第6版，要将此更改为版本12的图表样式，需要先给前面的命令一个noplot选项以防止自动绘制图像。但是，为了以后将检验结果以two-way图形式画出来，需要生成必要的变数。以下列语句为例:

```
. cusum6  ci invb rff, noplot cs(cusum) cs2(cusum2) lw(cs_lw) uw(cs_uw)
  lww(cs2_lw) uww(cs2_uw)
```

其中cs()变量为14.7的CUSUM检验统计量，cs2()变量为14.8的CUSUMQ检验统计量。lw()和uw()是CUSUM达到5%临界量所需要的参数，lww()和uww()是CUSUMQ达到临界值所需要的参数。下面有一个命令，在创建这些变量之后，two-way图执行CUSUM检验:

```
. twoway (tsline cusum) (tsline cs_uw, lpattern(longdash)) (tsline cs_lw,
  lpattern(longdash))
```

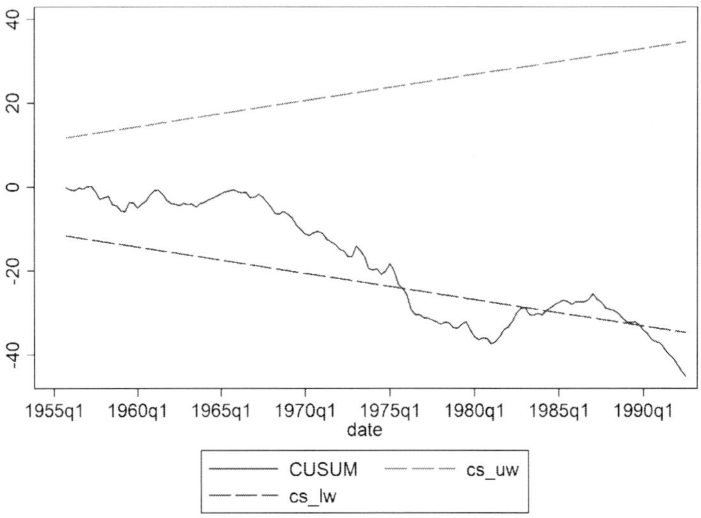

如上图所示，CUSUM值自1975年第1季度起就超出了临界量。因此，不能说整个采样期间的估计系数是稳定的。CUSUM2检验结果的命令语和执行结果如下:

```
. twoway (tsline cusum2) (tsline cs2_uw, lpattern(longdash)) (tsline cs2_lw,
  lpattern(longdash))
```

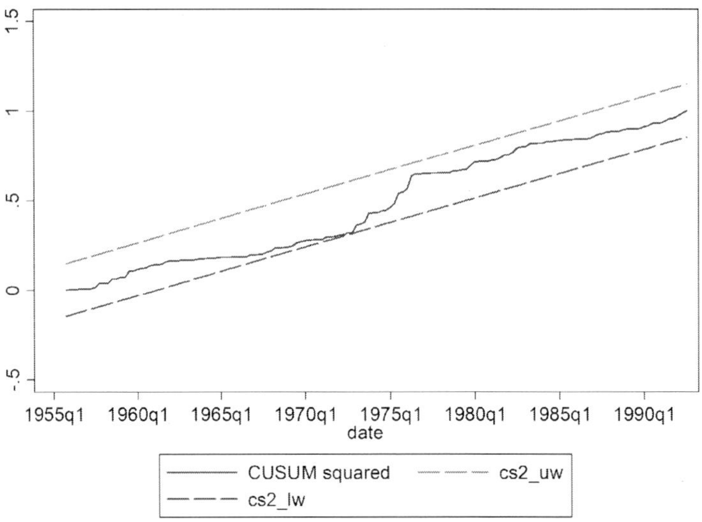

如上图所示，CUSUMQ值并没有超出临界值。因此，在整个过程中，误差项的方差是稳定的。

从Stata第15版本开始，CUSUM测试可以在执行reg命令之后作为post-estimation command执行。这样我们就得到一个线性回归模型，然后执行estat sbcusum语句可以得到CUSUM检验结果。检验统计量为1.2640,5%临界量为0.9479，因此拒绝原假设。结构Break是一种结构Break，同时提供CUSUM plot，这和cusum6所画的结果是一样的。然而，为了得到CUSUMQ的结果，仍然需要使用cusum6命令：

```
. qui reg ci invb rff
. estat sbcusum
Cumulative sum test for parameter stability

Sample: 1954q4 - 1992q3                         Number of obs =      152
Ho: No structural break

                                1% Critical     5% Critical      10% Critical
 Statistic    Test Statistic      Value            Value            Value
------------------------------------------------------------------------------
 recursive        1.2640          1.1430          0.9479           0.850
------------------------------------------------------------------------------
```

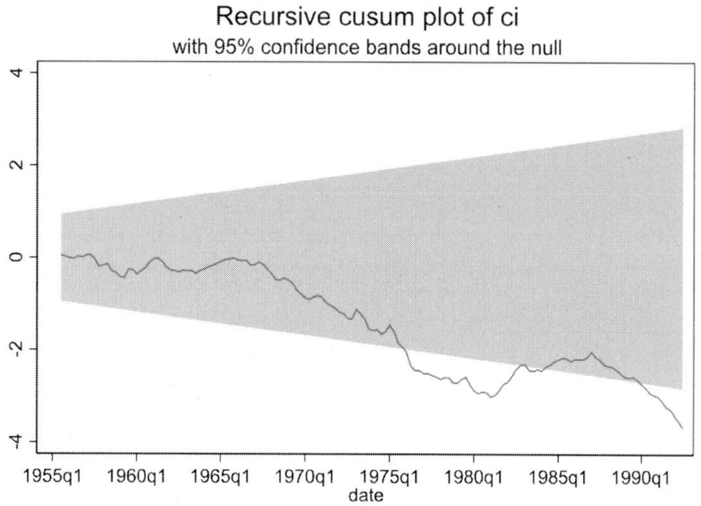

14.4 Ramsey's RESET

Ramsey的RESET(Regression Specification Error Test) 是一种检测因变量拟合值(fitted value)包含到解释变量中来确定模型设定model specification是否存在错误。举例来

说，$\hat{y}$的相乘变数来作为解释变量的变量。下面以多重线性回归模型为例:

$$y = \beta_0 + \beta_1 x_1 + \beta_2 x_2 + e \tag{14.9}$$

举例来说，$\hat{y}$作为相乘解释变量包含到这个模型中:

$$y = \beta_0 + \beta_1 x_1 + \beta_2 x_2 + \beta_3 \hat{y}^2 + \beta_4 \hat{y}^3 + \beta_5 \hat{y}^4 + e \tag{14.10}$$

此模型的基础$\hat{y}$是14.9的回归模型。另一方面，被解释的变量的乘方是这样的:

$$y = \beta_0 + \beta_1 x_1 + \beta_2 x_2 + \beta_3 x_1^2 + \beta_4 x_1^3 + \beta_5 x_1^4 + \beta_6 x_2^2 + \beta_7 x_2^3 + \beta_8 x_2^4 + e \tag{14.11}$$

RESET的原假设是“模型设置没有错误”。因此，原假设在定式14.10的情况下是: $H_0 : \beta_3 = \beta_4 = \beta_5 = 0$，在定式14.11的情况下是$H_0 : \beta_3 = \beta_4 = \beta_5 = \beta_6 = \beta_7 = \beta_8 = 0$。Ramsey的检验统计量使用了检验一般约束的F检验。等式14.9是约束条件下的模型，等式14.10和等式14.11是没有约束条件下的模型。

使用示例数据文件R_data14_4.dta来执行Ramsey检验。为了在Stata中测试Ramsey，我们首先估计表达式14.9在约束条件下的模型，然后使用estat ovtest命令。执行结果如下:

```
. use R_data14_4, clear

. reg  api00  acs_k3 full

      Source |       SS       df       MS              Number of obs =     398
-------------+------------------------------           F(  2,   395) =  101.19
       Model |  2715101.89     2  1357550.95           Prob > F      =  0.0000
    Residual |  5299105.24   395  13415.4563           R-squared     =  0.3388
-------------+------------------------------           Adj R-squared =  0.3354
       Total |  8014207.14   397  20186.9197           Root MSE      =  115.83

------------------------------------------------------------------------------
       api00 |      Coef.   Std. Err.      t    P>|t|     [95% Conf. Interval]
-------------+----------------------------------------------------------------
      acs_k3 |   8.355681   4.303023     1.94   0.053    -.1040091    16.81537
        full |   5.389788   .3963539    13.60   0.000     4.610561    6.169015
```

```
       _cons |   32.21346   84.07525     0.38   0.702    -133.0775    197.5044
------------------------------------------------------------------------------

. estat ovtest

Ramsey RESET test using powers of the fitted values of api00
       Ho:  model has no omitted variables
                 F(3, 392) =      4.09
                  Prob > F =      0.0071

. estat ovtest, rhs

Ramsey RESET test using powers of the independent variables
       Ho:  model has no omitted variables
                 F(6, 389) =      4.20
                  Prob > F =      0.0004
```

Ramsey检验的原假设是模型中没有遗漏变量(omitted variables)，这意味着没有任何错误。在上面，我们完成了两个Ramsey检验的类型:首先，我们看看estat ovtest的结果。"using powers of the fitted values…"这是一个包含$\hat{y}$乘方的检验。由于p值(0.007)小于0.01，所以在在1%显著水平上驳回原假说，这意味着模型的设定是错误的。第二个检验包含estat ovtest可选的rhs，如公式14.11包含解释变量的乘方项。此结果p值(0.000)小于0.01，所以在1%显著水平上驳回原假设。

为了了解Ramsey检验是如何推导出来的，我们来直接求出前面所给出的Ramsey F检验统计量的第一种情况的检验统计量，也可以说$\hat{y}$的乘方项包含的检验

```
. qui reg  api00  acs_k3 full
. scalar ramsey1=e(rss)

. predict yhat
(option xb assumed; fitted values)
(2 missing values generated)

. gen yhat2=yhat^2
(2 missing values generated)

. gen yhat3=yhat^3
(2 missing values generated)
```

```
. gen yhat4=yhat^4
(2 missing values generated)

. reg  api00  acs_k3 full  yhat2 yhat3 yhat4

      Source |       SS       df       MS              Number of obs =     398
-------------+------------------------------           F(  5,   392) =   43.88
       Model |  2875885.44     5  575177.088           Prob > F      =  0.0000
    Residual |   5138321.7   392  13107.9635           R-squared     =  0.3588
-------------+------------------------------           Adj R-squared =  0.3507
       Total |  8014207.14   397  20186.9197           Root MSE      =  114.49

------------------------------------------------------------------------------
       api00 |      Coef.   Std. Err.      t    P>|t|     [95% Conf. Interval]
-------------+----------------------------------------------------------------
      acs_k3 |   101.0323   627.0838     0.16   0.872    -1131.836      1333.9
        full |   66.87434   403.9999     0.17   0.869    -727.4033     861.152
       yhat2 |  -.0466251    .193527    -0.24   0.810    -.4271058    .3338556
       yhat3 |   .0000688   .0002197     0.31   0.754    -.0003631    .0005007
       yhat4 |  -3.42e-08   9.26e-08    -0.37   0.712    -2.16e-07    1.48e-07
       _cons |  -54.52511   8365.262    -0.01   0.995    -16500.92    16391.87
------------------------------------------------------------------------------

. scalar ramsey2=e(rss)
```

首先，估计方程14.9的约束模型，然后将残差平方和(SSE)保存到scaler中。接着，$\hat{y}$生成变量之后，在模型中加入乘方项变量，估计等式14.10不受约束，并将其残差平方和保存到scaler中。现在*F*检验统计量计算如下：

```
. scalar ramsey3=(ramsey1-ramsey2)/3
. scalar ramsey4=ramsey2/(398-6)
. scalar ramsey=ramsey3/ramsey4

. di  "Ramsey's RESET="  ramsey
Ramsey's RESET=4.0886989
```

可以看到，上面的数值和estat ovtest命令的执行结果完全一致。

14.5 Stata do file

```
use R_data14_1, clear
gen date=yq(year, quarter)
format date %tq
tsset date
reg  ci invb rff
scalar s_c=e(rss)
reg  ci invb rff if date<q(1980Q1)
scalar s_1=e(rss)
reg  ci invb rff if date>=q(1980Q1)
scalar s_2=e(rss)
scalar chow1=(s_c-(s_1+s_2))/3
scalar chow2=(s_1+s_2)/(101+51-6)
scalar chow3=chow1/chow2
di "Chow test statistic" "     " chow3

gen dum_1980=date>=q(1980Q1)
gen dum_invb= dum_1980*invb
gen dum_rff= dum_1980*rff
reg  ci dum_1980 invb  dum_invb rff dum_rff
test  dum_1980 dum_invb dum_rff

reg  ci invb dum_invb rff
test  dum_invb

findit hansen2
use R_data14_2, clear
tsset year
gen d_lgnp=D.lgnp
gen d_lgnp1=LD.lgnp
hansen2  d_lgnp d_lgnp1 if year>=1890, reg

findit cusum6
use R_data14_3, clear
gen date=yq(year, quarter)
format date %tq
```

```
tsset date
cusum6  ci invb rff
cusum6  ci invb rff, noplot cs(cusum) cs2(cusum2) lw(cs_lw) uw(cs_uw) lww(cs2_lw) uww(cs2_uw)
twoway (tsline cusum) (tsline cs_uw, lpattern(longdash)) (tsline cs_lw, lpattern(longdash))
twoway (tsline cusum2) (tsline cs2_uw, lpattern(longdash)) (tsline cs2_lw, lpattern(longdash))
qui reg ci invb rff
estat sbcusum

use R_data14_4, clear
reg  api00  acs_k3 full
estat ovtest
estat ovtest, rhs
qui reg  api00  acs_k3 full
scalar ramsey1=e(rss)
predict yhat
gen yhat2=yhat^2
gen yhat3=yhat^3
gen yhat4=yhat^4
reg  api00  acs_k3 full  yhat2 yhat3 yhat4
scalar ramsey2=e(rss)
scalar ramsey3=(ramsey1-ramsey2)/3
scalar ramsey4=ramsey2/(398-6)
scalar ramsey=ramsey3/ramsey4
di "Ramsey's RESET=" ramsey
```

CHAPTER 15 其他相关主题

15.1 2次方模型

在线性回归模型中，下列包含解释变量平方的模型称为二次方程(quadratic或curvilinear)。

$$y = \beta_0 + \beta_1 x + \beta_2 x^2 + e$$

上面的解释变量(x)和因变量(y)之间是非线性的(nonlinear)，参数是线性模型。如果参数是线性的，则通常称为线性模型；如果参数具有非线性关系，则称为非线性模型。以上模型是多元回归线性的，但仍然可以估计OLS。

使用示例数据文件R_data15_1.dta来估计二次模型，并思考它的意义。假设工人的工资(*wage*)会随着在现有工作岗位上工作的年限(*tenure*)逐渐增加，但如果工作时间超过一定水平，工资反而会减少，为此假设二次模型如下:

$$\ln(wage) = \beta_0 + \beta_1 tenure + \beta_2 tenure^2 + e$$

在Stata中，必须将平方项$tenure^2$生成新的变数：与此同时，也为工资取了自然对数。我们可以用这些变量来计算下一个工资决定模型。

```
. use R_data15_1, clear

. gen lwage=ln(wage)

. reg lwage tenure c.tenure#c.tenure

      Source |       SS           df       MS      Number of obs   =     2,231
-------------+----------------------------------   F(2, 2228)      =    121.85
       Model |  72.193832         2  36.096916     Prob > F        =    0.0000
    Residual |  660.023236     2,228  .296240232   R-squared       =    0.0986
-------------+----------------------------------   Adj R-squared   =    0.0978
       Total |  732.217068     2,230  .328348461   Root MSE        =    .54428

------------------------------------------------------------------------------
       lwage |      Coef.   Std. Err.      t    P>|t|     [95% Conf. Interval]
```

```
------------------+----------------------------------------------------------------
          tenure |   .0610446   .0068122     8.96   0.000     .0476856    .0744035
                 |
c.tenure#c.tenure |  -.0016852   .0003661    -4.60   0.000    -.0024031   -.0009673
                 |
           _cons |   1.619121   .0223875    72.32   0.000     1.575218    1.663023
-----------------------------------------------------------------------------------
```

从结果来看，和当初预想的一样，推测系数$tenure^2$是负数的，并且非常显著。这就意味着工资会随着工作年限的增加而提高，但工作时间达到一定水平以上时工资反而会降低。工资由增加到减少的年分$-\hat{\beta}_1/(2\hat{\beta}_2)$可以这样计算：

```
. di -_b[tenure]/(2*_b[c.tenure#c.tenure])
18.112261
```

该结果显示，平均在目前工作时间为18.1年的地点工资会持续增加，但超过18.1年后工资反而会减少。利用上述推测结果可以计算工龄对工资产生的"边际效应(marginal effect)"。边际效应是指工作时间每增加1年，工资平均增加(减少)多少。

$$\frac{\partial \ln(wage)}{\partial tenure} = 2\hat{\beta}_2 \times tenure + \hat{\beta}_1$$

如果模型中没有二次项$tenure^2$，那么工龄的边际效应就是$tenure$变数的系数，并总是特定的。但是由于第二项的存在，会因工作年限的不同而产生不同的极限效果。下面是求变量$tenure$的样本平均值，然后，计算其值的边际效应。

```
. su tenure if e(sample)==1

    Variable |       Obs        Mean    Std. Dev.       Min        Max
-------------+--------------------------------------------------------
      tenure |      2231     5.97785    5.510331          0   25.91667

. di 2*_b[c.tenure#c.tenure]*r(mean)+_b[tenure]
0.04089717
```

在这个估计所使用的样本中，$tenure$变量的平均值是5.97年，由此计算出的边际效应是0.04。也就是说，在目前的工作岗位上工作5.97年的劳动者如果再工作1年，工资平均增加约4.0%。前述工作时间在18.1年以上的，工资随工作年数的增加而减少。例如，如果计算工作年龄为20年的劳动者的极限效果，得出−0.0063。也就是说，在这种情况下，如果多工作1年，工资反而会减少0.63%。

请以 two-way形式绘制出前面的估计结果。我们再计算一下二次方图的结果，从tt_exp=18.1年到工资最高，并且从那以后还会下降。它使用了在本书第8章和第9章中描述的margins和marginsplot命令。

```
. margins, at(tenure=(0(1)25)) atmeans noatlegend
. marginsplot, legend(off) noci recast(line)
addplot((function y=_b[_cons]+_b[tenure]*x+_b[c.tenure#c.tenure]*x^2,
recast(area) range(18.05 18.1)))
```

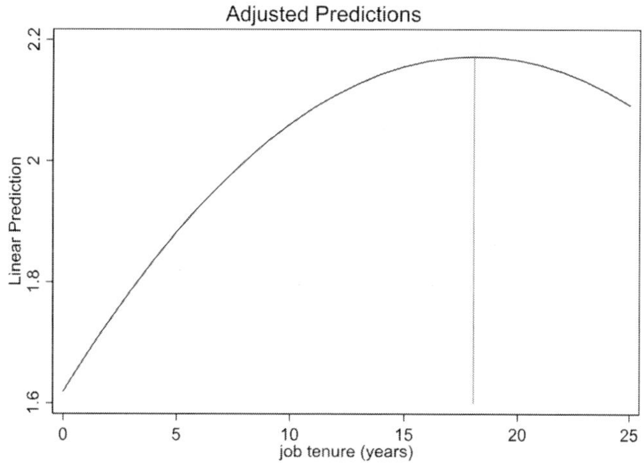

marginsplot命令语会给出当tenure变量从0到25的变化时工资拟合值如何变化的估计系数，使用addplot选项可以说明当tenure=18.1时计算出工资最大值。

该图表的作用是指出当tenure=18.1时工资适当值是多少。需要注意的是，不是绘制线条图，而是使用recast(area)选项将直线(line)更改为面积(area)，range选项还将tenure=18.1周围值作为范围。

如果回归模型中还有另一个解释变数的话，推定的结果该怎么画图呢?举例来说，

可以假设如下的回归模型:

$$\ln(wage) = \beta_0 + \beta_1 tenure + \beta_2 tenure^2 + \beta_3 ttl\_\exp + e$$

这里ttt_exp是指不仅包括目前工作，还包括之前其他经历的总共工龄。回归模型估计的结果是:ttt_exp(关心变量)的平均数，并存储在global macro中[*]。

在估计了回归模型之后，使用margins语句计算当tenure=0到25时的工资拟合值。我们假定其他的条件(如：ttl_exp变量)被固定在平均值上。

```
. su ttl_exp

    Variable |        Obs        Mean    Std. Dev.       Min        Max
-------------+---------------------------------------------------------
     ttl_exp |      2,246    12.53498    4.610208   .1153846   28.88461

. global mean_ttl=r(mean)

. reg  lwage tenure c.tenure#c.tenure ttl_exp

      Source |       SS           df       MS      Number of obs   =     2,231
-------------+----------------------------------   F(3, 2227)      =    146.28
       Model |  120.534401         3  40.1781338   Prob > F        =    0.0000
    Residual |  611.682667     2,227  .274666667   R-squared       =    0.1646
-------------+----------------------------------   Adj R-squared   =    0.1635
       Total |  732.217068     2,230  .328348461   Root MSE        =    .52409

------------------------------------------------------------------------------
            lwage |      Coef.   Std. Err.      t    P>|t|     [95% Conf. Interval]
------------------+-----------------------------------------------------------
           tenure |   .0441508   .0066819     6.61   0.000     .0310473    .0572543
                  |
c.tenure#c.tenure |  -.0017963   .0003526    -5.09   0.000    -.0024878   -.0011049
                  |
          ttl_exp |   .0391351   .0029499    13.27   0.000     .0333501      .04492
            _cons |   1.236119   .0360303    34.31   0.000     1.165463    1.306776
------------------------------------------------------------------------------

. di -_b[tenure]/(2*_b[c.tenure#c.tenure])
12.289265

. qui margins, at(tenure=(0(1)25)) atmeans noatlegend
```

[*] 关于global macro，参见 闵仁植和崔弼善（英文：Min, In Sik and Choi, Pilsu）(2017) 第10章

运用上面的估计结果，为了绘制根据$tenure$的工资预测结果图，需要将ttl_exp变数固定在一个特定的值上(如平均值=12.55)。此外，在上述估计结果中，当tenure=12.28时，工资预测值为最大值，可以使用marginsplot命令语完成图表。

```
. marginsplot, legend(off) noci recast(line)
addplot((function y=_b[_cons]+_b[tenure]*x+_b[c.tenure#c.tenure]*x^2
+_b[ttl_exp]*$mean_ttl, recast(area) range(12.24 12.28)))
```

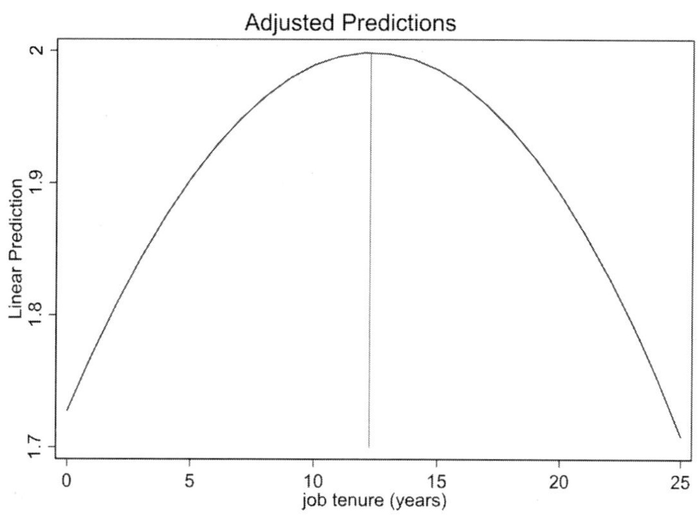

Tip 15.1 ● Quadratic 模型中的多共线性问题

本节工资决定模型中的$tenure$와 $tenure^2$两个变量在统计上具有很强的相关关系。具体 如下:

```
. qui reg lwage tenure c.tenure#c.tenure
. gen tenure2=c.tenure#c.tenure
. corr tenure tenure2 if e(sample)==1
(obs=2231)

             |   tenure  tenure2
-------------+------------------
      tenure |   1.0000
     tenure2 |   0.9517   1.0000
```

两个自变量的相关系数为0.95，近似于1。此外，由于VIF的值大于10，也说明存在一个多共线性问题(参见第10.3节)。

```
. vif

    Variable |       VIF       1/VIF
-------------+----------------------
      tenure |     10.61    0.094277
    c.tenure#|
    c.tenure |     10.61    0.094277
-------------+----------------------
    Mean VIF |     10.61
```

当研究者选择二次模型的主要目的是拟合(fitting)或预测(fitting)给定的数据。在这种情况下，多重共线性可能不是很严重的问题。也就是说，即使解释变量之间存在高度相关关系，也可以提高拟合度;如果多重共线性存在，但$tenure^2$变量仍然是有效的，就可以不成问题。

另外，如果确定在二次模型中存在多共线性问题，在解决问题的同时，也有估计的方法。其中，centering方法是用变量间的偏差(deviation)作为新的解释变量，而不是用传统的解释变量。用下$y = \beta_0 + \beta_1 x + \beta_2 x^2 + e$模型代替下列模型。

$$y = \gamma_0 + \gamma_1 (x - \overline{x}) + \gamma_2 (x - \overline{x})^2 + v$$

让我们用entering方法估计一个例子模型。结果如下:

```
. qui su tenure if e(sample)==1

. gen tenure_d=tenure-r(mean)
(15 missing values generated)

. gen tenure_d2=tenure_d^2
(15 missing values generated)

. reg  lwage tenure_d tenure_d2
```

```
      Source |       SS       df       MS              Number of obs =    2231
-------------+------------------------------           F(  2,  2228) =  121.85
       Model |  72.1938322     2  36.0969161           Prob > F      =  0.0000
    Residual |  660.023236  2228  .296240232           R-squared     =  0.0986
-------------+------------------------------           Adj R-squared =  0.0978
       Total |  732.217068  2230  .328348461           Root MSE      =  .54428

------------------------------------------------------------------------------
       lwage |      Coef.   Std. Err.      t    P>|t|     [95% Conf. Interval]
-------------+----------------------------------------------------------------
    tenure_d |   .0408972   .0029685    13.78   0.000     .0350759    .0467185
   tenure_d2 |  -.0016852   .0003661    -4.60   0.000    -.0024031   -.0009673
       _cons |   1.923817   .0160072   120.18   0.000     1.892426    1.955207
------------------------------------------------------------------------------
```

估计后，求VIF会发现其值远小于10。

```
. vif

    Variable |       VIF       1/VIF
-------------+----------------------
    tenure_d |      2.01    0.496493
   tenure_d2 |      2.01    0.496493
-------------+----------------------
    Mean VIF |      2.01
```

因此，centering在一定程度上解决了多共线性问题，通过简单运算可以求出原始模型β和centering模型的γ之间的关系，$\hat{\beta}_2$和$\hat{\gamma}_2$的情况是相同的。

15.2 Fractional Polynomial 模型

分数FP(fractional polynomial)模型可用于提高被解释变量和因变量的拟合度。FP模型常常被用于假设未知的非线性关系，特别是被解释变量和随变量之间。FP模型如下：

$$y = \beta_0 + \beta_1 x^{(p_1)} + \beta_2 x^{(p_2)} + \cdots + \beta_m x^{(p_m)} + e$$

这里是$p_j \neq 0$，$x^{(p_j)} = x^{p_j}$，$x^{(p_j)} = x^{p_j}$。x解释变量必须是一个正(+)的连续变量。m是FP模型的阶数(degree)。如果$p_j = p_{j-1}$同样的power反复发生，那么，下面的规

律就适用了:

$$x^{(p_j)} = x^{(p_{j-1})} \times \ln x$$

例如，$p_1 = \cdots = p_m = p$如果repeated power规律符合时，你会得到如下模型：

$$y = \beta_0 + \beta_1 x^{(p)} + \beta_2 (x^{(p)} \times \ln x) + \cdots + \beta_m (x^{(p)} \times (\ln x)^{m-1}) + e$$

如果是$m = 2$，$p_1 = p_2 = 0.5$则是这样:

$$y_i = \beta_0 + \beta_1 x_i^{0.5} + \beta_2 (x_i^{0.5} \times \ln x) + e_i$$

如果p组合是(−1,1,3,3)，则模型如下:

$$y = \beta_0 + \beta_1 x^{-1} + \beta_2 x + \beta_3 x^3 + \beta_4 (x^3 \times \ln x) + e$$

根据经验法则，可以 $p\{-2, -1, -0.5, 0, 0.5, 1, 2, 3\}$ 中进行选择。

让我们用示例数据文件R_data15_2.dta来估计这个模型。在上述模型中，y对应的是sqrtigg变量，x对应的是 *age* 变量。在Stata中使用FP作为prefix来估计模型。下面就是命令语和执行结果:

```
. use R_data15_2, clear

. fp <age>: reg sqrtigg <age>
(fitting 44 models)
(....10%....20%....30%....40%....50%....60%....70%....80%....90%....100%)

Fractional polynomial comparisons:
------------------------------------------------------------------------------
         age |  df    Deviance  Res. s.d.   Dev. dif.   P(*)    Powers
-------------+----------------------------------------------------------------
     omitted |   0    427.539      0.497     108.090    0.000
      linear |   1    337.561      0.428      18.113    0.000    1
       m = 1 |   2    327.436      0.421       7.987    0.020    0
       m = 2 |   4    319.448      0.416       0.000       --    -2 2
------------------------------------------------------------------------------
```

```
(*) P = sig. level of model with m = 2 based on F with 293 denominator dof.

      Source |       SS       df       MS              Number of obs =     298
-------------+------------------------------           F(2, 295)     =   64.49
       Model |  22.2846976     2  11.1423488           Prob > F      =  0.0000
    Residual |  50.9676492   295  .172771692           R-squared     =  0.3042
-------------+------------------------------           Adj R-squared =  0.2995
       Total |  73.2523469   297  .246640898           Root MSE      =  .41566

------------------------------------------------------------------------------
     sqrtigg |      Coef.   Std. Err.      t    P>|t|     [95% Conf. Interval]
-------------+----------------------------------------------------------------
       age_1 |  -.1562156    .027416    -5.70   0.000    -.2101713    -.10226
       age_2 |   .0148405   .0027767     5.34   0.000     .0093757   .0203052
       _cons |   2.189242   .0473835    46.20   0.000     2.095989   2.282495
------------------------------------------------------------------------------
```

在prefix fp之后，在⟨⟩内指定x变量。依次指定reg命令、从属变量和解释变量。在说明变量中，要使用polynomial term的变量，也需要在⟨⟩中指定x。如果没有特别的选择，就会被指定为“$m=2$”，它会对p各种组合(上面的例子中有44种组合)进行内部估计，并给出最小化deviance的 p的组合。在这里deviance是这样定义的:

$$D=n\left(1+\ln\frac{2\pi SSE}{n}\right)$$

这里的n是观测值的个数，SSE是推测模型的残差平方和。我们可通过计算求出deviance:

```
. di 298*(1+ln(2*_pi*50.967/298))
319.44466
```

在前面语句中_pi代表π，50.967是残差平方和Residual SS，对应于前面估计结果的Residual SS。估计的结果是，最终选择p的(−2,2)组合，因此回归模型如下。

$$sqrtigg=\beta_0+\beta_1 age^{-2}+\beta_2 age^2+e$$

在这个模型中，两个被用作说明变量的变量(age^{-2}和age^2)是在Variables窗口中被创建的，分别为ag_1和ag_2。

另一方面，如果想要更改基本$m=2$的次数，可以使用dimension选项。

```
. fp <age>, dimension(3) replace: reg sqrtigg <age>
(fitting 164 models)
(....10%....20%....30%....40%....50%....60%....70%....80%....90%....100%)

Fractional polynomial comparisons:
-------------------------------------------------------------------------------
         age |   df    Deviance  Res. s.d.    Dev. dif.   P(*)    Powers
-------------+-----------------------------------------------------------------
     omitted |    0     427.539      0.497     108.264    0.000
      linear |    1     337.561      0.428      18.286    0.003    1
       m = 1 |    2     327.436      0.421       8.161    0.092    0
       m = 2 |    4     319.448      0.416       0.173    0.919    -2 2
       m = 3 |    6     319.275      0.416       0.000       --    -2 1 1
-------------------------------------------------------------------------------
(*) P = sig. level of model with m = 3 based on F with 291 denominator dof.

      Source |       SS           df       MS      Number of obs   =       298
-------------+----------------------------------   F(3, 294)       =     42.93
       Model |  22.3143361         3  7.43811203   Prob > F        =    0.0000
    Residual |  50.9380108       294  .17325854    R-squared       =    0.3046
-------------+----------------------------------   Adj R-squared   =    0.2975
       Total |  73.2523469       297  .246640898   Root MSE        =    .41624

------------------------------------------------------------------------------
     sqrtigg |      Coef.   Std. Err.      t    P>|t|     [95% Conf. Interval]
-------------+----------------------------------------------------------------
       age_1 |  -.1836081   .0527827    -3.48   0.001     -.287488   -.0797283
       age_2 |  -.1704955   .2065316    -0.83   0.410    -.5769632    .2359722
       age_3 |   .1242667   .0944355     1.32   0.189    -.0615885    .3101219
       _cons |   2.417309   .2892418     8.36   0.000     1.848063    2.986556
------------------------------------------------------------------------------
```

在fp部分中，dimension(3)中的选项的含义是将模型扩展到最大情况，要注意的是，要同时使用replace选项。意思是删除前面的fp语句所生成的ag_1和ag_2变量，并重新创建新的变量。的组合(−2,1,1)，故回归模型如下:

$$sqrtigg=\beta_0+\beta_1 age^{-2}+\beta_2 age+\beta_3(age\times\ln age)+e$$

由上面的推断可知，在▷的情况下deviance是319.28，在$m = 2$的情况下是319.45，所以即使增大次数，deviance也不会有太大的差别。

估计该模型之后，执行FP plot命令可以同时绘制数据的散布图、估计的回归线，以及该回归线的95%置信区间。首先估计fp regression，然后使用fp plot命令，需要residuals选项。residuals(residuals)选项会显示fitted values与残差的合值(即因变量$sqrtigg$)和散点图。如果您想要排除散点图，则使用residuals(none)选项。分数多项式回归给出分数函数:

```
. qui fp <age>: reg sqrtigg <age>
. fp plot, residuals(residuals)
```

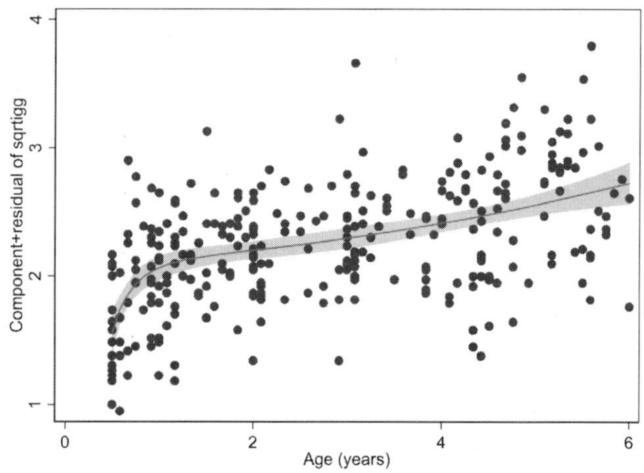

如图所示，横轴上的*age*变量和纵轴上的*sqrtigg*变量之间的估计是非线性的。

利用“two-way graph”菜单，可以根据FP模型直接绘制回归线，无需进行任何估算。选择“Graphics > Twoway graphs”，同时画出数据的散布图和FP模型的回归线。可以先选择Create来绘制散布图，然后在Plot1对话窗口中选择Basic plots作为图像的类别，选择Scatter作为类型；用Y variable选择*sqrtigg*变量，用X variable选择*age*变量，然后按下Accept按钮；再次选择Create来绘制FP模型的估计回归线；在Plot2对话窗口中选择Fit plots作为图像的类别，并选择Fractional polynomial作为其类型。

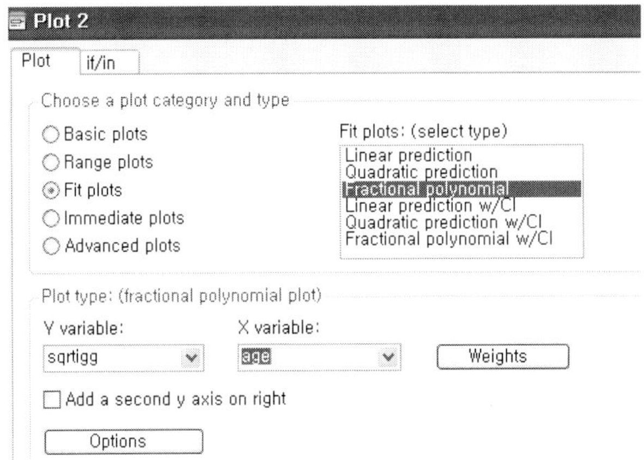

*sqrtigg*变量为Y variable, *age*变量为X variable。在此情况下，Stata命令和执行结果如下:

```
. twoway (scatter sqrtigg age) (fpfit sqrtigg age)
```

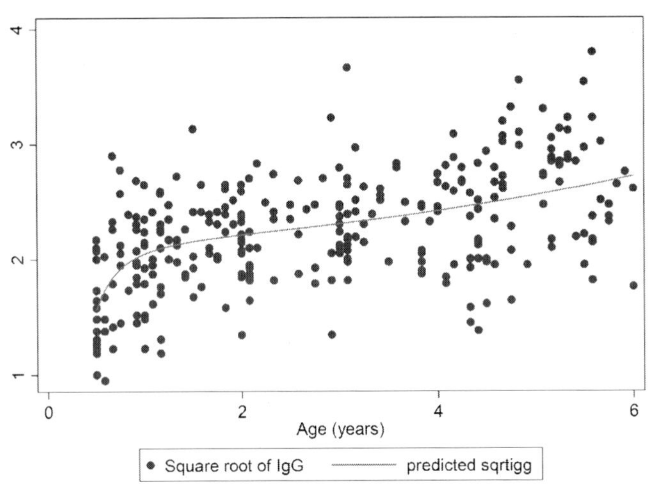

图中估计的回归线是使用FP模型的基本选项的$m=2$假设。因此，上面的图实际上和之前使用fp plot命令得到的图是一样的:

Tip 15.2 ● 表示回归线的置信区间

如果使用FP模型表示估计的回归线和置信区间，需要注意散播图和回归线的绘制顺序。Plot1中绘制了散点图，Plot2中绘制了FP模型的回归线，相应的语句如下(fpfitci是同时表示95%置信区间的指令):

```
. twoway (scatter sqrtigg age) (fpfitci sqrtigg age)
```

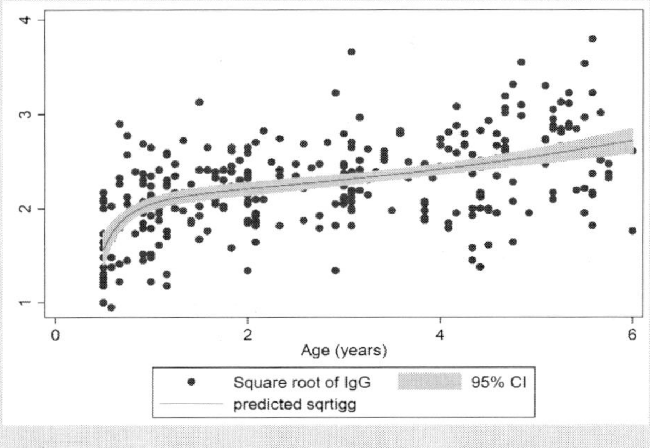

在上面的图中，首先绘制散点图，然后在上面绘制灰色置信区域，这样就不会显示散点上的点在置信区域范围内。要解决这个问题，请在Plot1中选择置信区间图，在Plot2中选择散布图。在Stata语句中，只有括号的顺序会改变。这样一来，如图所示，在灰色置信区间上，散点上的点会原封不动地显示出来。

```
. twoway (fpfitci sqrtigg age) (scatter sqrtigg age)
```

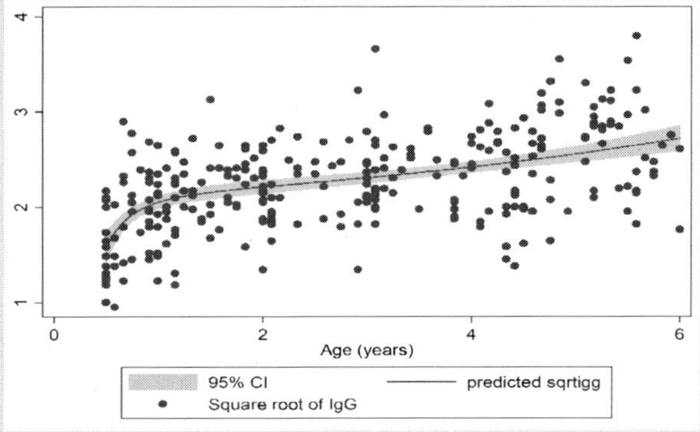

15.3 阶段性 回归

stepwise regression(英语:stepwise regression)对于回归模型的建立，如果之前没有任何给定的理论模型，或者无法确定在模型中应该包含哪一个变量，则逐步回归是很有用的。这种方法是一种仅通过众多候选解释变量对从属变量产生显著影响的组合来构建模型的方法。在Stata中，您可以用简单的语句一次完成它。

让我们用示例数据文件R_data15_3.dta来进行一个逐步回归。在数据集中记录了200名学生的成绩，其中包括性别虚拟变量(female)、社会经济水平(ses)、学校类型(schtyp)等，以及各科目的成绩，即写作(write)、阅读(read)、科学(science)等。我们的关心是决定学生作文成绩的模型。作为说明变量阅读成绩、科学成绩、性别(女生1，男生0)3个变量，进行阶段性回归。为了在Stata中执行它，下面使用stepwise作为reg命令的前缀:

```
. use R_data15_3, clear

. stepwise, pr(0.05): reg write read science female
                      begin with full model
p < 0.0500            for all terms in model

      Source |       SS       df       MS              Number of obs =     200
-------------+------------------------------           F(  3,   196) =   71.38
       Model |  9334.79206     3  3111.59735           Prob > F      =  0.0000
    Residual |  8544.08294   196  43.5922599           R-squared     =  0.5221
-------------+------------------------------           Adj R-squared =  0.5148
       Total |   17878.875   199   89.843593           Root MSE      =  6.6024

------------------------------------------------------------------------------
       write |      Coef.   Std. Err.      t    P>|t|     [95% Conf. Interval]
-------------+----------------------------------------------------------------
        read |   .3502515   .0588277     5.95   0.000     .2342349    .4662682
     science |   .3572054   .0613361     5.82   0.000     .2362419    .4781688
      female |   6.156789   .9458754     6.51   0.000     4.291389    8.022189
       _cons |   12.60481   2.832622     4.45   0.000     7.018484    18.19114
------------------------------------------------------------------------------
```

因为stepwise是前缀，所以reg命令之前必须用冒号(:)。在stepwise中作为选项使用的pr()可以指定一步估计的方法。即，从包含三个说明变量(read，science，female)

的模型开始，逐一排除不重要的说明变量，这是一个与pe()相对的选项。而pr()括号中的0.05的含义是，如果被说明变量在5%水平显著，则留在模型中，否则将其排除。根据上述估计结果，由于3个参数均在5%水平上显著，均存活最终模型。

stepwise的选项可能是pe()而非pr()，pr()从最大的模型出发，逐个减少不显著的变量;pe()则从最小的模型出发，逐个增加显著的变量。在上面的例子中，你先估计一个有常数项的模型，然后你分别加入read，female和science变量，留下一个重要的说明变量。结果表明，使用pe()选项的效果和使用pr()选项的效果是一样的。但是要注意，两种选择的结果并不总是一样:

```
. stepwise, pe(0.05) : reg write read science female
                      begin with empty model
p = 0.0000 <  0.0500  adding  read
p = 0.0000 <  0.0500  adding  female
p = 0.0000 <  0.0500  adding  science

      Source |       SS       df       MS              Number of obs =     200
-------------+------------------------------           F(  3,   196) =   71.38
       Model |  9334.79206     3  3111.59735           Prob > F      =  0.0000
    Residual |  8544.08294   196  43.5922599           R-squared     =  0.5221
-------------+------------------------------           Adj R-squared =  0.5148
       Total |   17878.875   199   89.843593           Root MSE      =  6.6024

------------------------------------------------------------------------------
       write |      Coef.   Std. Err.      t    P>|t|     [95% Conf. Interval]
-------------+----------------------------------------------------------------
        read |   .3502515   .0588277     5.95   0.000     .2342349    .4662682
      female |   6.156789   .9458754     6.51   0.000     4.291389    8.022189
     science |   .3572054   .0613361     5.82   0.000     .2362419    .4781688
       _cons |   12.60481   2.832622     4.45   0.000     7.018484    18.19114
------------------------------------------------------------------------------
```

当回归模型使用类别变量作为说明变量时，使用i.操作符。估计结果表明，最终选择的模型不包含ses虚拟变量：这意味着这些虚拟变量在5%水平上是不显著的。

```
. stepwise, pr(0.05) : reg write i.ses read science female
note: 1b.ses dropped because of estimability
                      begin with full model
p = 0.9008 >= 0.0500  removing 2.ses
```

```
p = 0.3664 >= 0.0500  removing 3.ses

      Source |       SS           df       MS      Number of obs   =       200
-------------+----------------------------------   F(3, 196)       =     71.38
       Model |  9334.79206         3  3111.59735   Prob > F        =    0.0000
    Residual |  8544.08294       196  43.5922599   R-squared       =    0.5221
-------------+----------------------------------   Adj R-squared   =    0.5148
       Total |   17878.875       199   89.843593   Root MSE        =    6.6024

------------------------------------------------------------------------------
       write |      Coef.   Std. Err.      t    P>|t|     [95% Conf. Interval]
-------------+----------------------------------------------------------------
      female |   6.156789   .9458754     6.51   0.000     4.291389    8.022189
     science |   .3572054   .0613361     5.82   0.000     .2362419    .4781688
        read |   .3502515   .0588277     5.95   0.000     .2342349    .4662682
       _cons |   12.60481   2.832622     4.45   0.000     7.018484    18.19114
------------------------------------------------------------------------------
```

假设一个reg命令前面有两个前缀:by和stepwise。举例来说，我们使用prefix来估计一个回归模型对于某个类别变量的每个类别。在这个例子中，变量schtyp是一个类别变量，它显示了一所学校是公立学校还是私立学校。让我们按这两个类别来进行之前所执行的(虚拟变数)阶段性回归。命令语法是这样的：

```
. by schtyp, sort: stepwise, pr(0.05): reg write i.ses read science female
-------------------------------------------------------------------------------
-> schtyp = public
note: 1b.ses dropped because of estimability
                      begin with full model
p = 0.7340 >= 0.0500  removing 3.ses
p = 0.4008 >= 0.0500  removing 2.ses

      Source |       SS           df       MS      Number of obs   =       168
-------------+----------------------------------   F(3, 164)       =     62.92
       Model |  8556.74416         3  2852.24805   Prob > F        =    0.0000
    Residual |  7434.75584       164  45.3338771   R-squared       =    0.5351
-------------+----------------------------------   Adj R-squared   =    0.5266
       Total |     15991.5       167   95.757485   Root MSE        =     6.733

------------------------------------------------------------------------------
       write |      Coef.   Std. Err.      t    P>|t|     [95% Conf. Interval]
-------------+----------------------------------------------------------------
     science |   .3262883   .0669643     4.87   0.000     .1940651    .4585116
      female |   6.464022   1.050489     6.15   0.000     4.389796    8.538249
        read |    .386751   .0651049     5.94   0.000     .2581991    .5153028
```

```
       _cons |    11.8703   3.049246     3.89   0.000      5.84946    17.89114
------------------------------------------------------------------------------

-------------------------------------------------------------------------------------------
-------------------------------------------------
-> schtyp = private
note: 1b.ses dropped because of estimability
                      begin with full model
p = 0.7619 >= 0.0500  removing 2.ses
p = 0.5831 >= 0.0500  removing 3.ses
p = 0.4197 >= 0.0500  removing read

      Source |       SS           df       MS      Number of obs   =        32
-------------+----------------------------------   F(2, 29)        =     11.45
       Model |  705.224686         2  352.612343   Prob > F        =    0.0002
    Residual |  892.744064        29  30.7842781   R-squared       =    0.4413
-------------+----------------------------------   Adj R-squared   =    0.4028
       Total |  1597.96875        31   51.547379   Root MSE        =    5.5484

------------------------------------------------------------------------------
       write |      Coef.   Std. Err.      t    P>|t|     [95% Conf. Interval]
-------------+----------------------------------------------------------------
      female |   4.249731   2.024955     2.10   0.045     .1082345    8.391228
     science |   .5802402   .1246911     4.65   0.000     .3252183    .8352621
       _cons |   22.20672   7.051318     3.15   0.004     7.785157    36.62829
------------------------------------------------------------------------------
```

结果表明，对于公立学校，ses变量会被排除在最终模型之外;对于私立学校，ses变量和read变量都被排除在最终模型之外。在前面的语句中，需要注意键入prefix的顺序。首先创建by，然后使用stepwise。如果更改前缀顺序，将会得到一条错误消息，如下所示：

```
. stepwise, pr(0.05): by schtyp, sort: reg write i.ses read science female
by may not be used in this context
r(199);
```

15.4 Stata do file

```
use R_data15_1, clear
gen lwage=ln(wage)
reg lwage tenure c.tenure#c.tenure
```

```
di -_b[tenure]/(2*_b[c.tenure#c.tenure])
su tenure if e(sample)==1
di 2*_b[c.tenure#c.tenure]*r(mean)+_b[tenure]

margins, at(tenure=(0(1)25)) atmeans noatlegend
marginsplot, legend(off) noci recast(line) ///
addplot((function ///
y=_b[_cons]+_b[tenure]*x+_b[c.tenure#c.tenure]*x^2, ///
recast(area) range(18.05 18.1)))

su ttl_exp
global mean_ttl=r(mean)
reg  lwage tenure c.tenure#c.tenure ttl_exp
di -_b[tenure]/(2*_b[c.tenure#c.tenure])
qui margins, at(tenure=(0(1)25)) atmeans noatlegend
marginsplot, legend(off) noci recast(line) ///
addplot((function ///
y=_b[_cons]+_b[tenure]*x+_b[c.tenure#c.tenure]*x^2+ ///
_b[ttl_exp]*$mean_ttl, recast(area) range(12.24 12.28)))

qui reg lwage tenure c.tenure#c.tenure
gen tenure2=c.tenure#c.tenure
corr tenure tenure2 if e(sample)==1
vif
qui su tenure if e(sample)==1
gen tenure_d=tenure-r(mean)
gen tenure_d2=tenure_d^2
reg  lwage tenure_d tenure_d2
vif

use R_data15_2, clear
fp <age>: reg sqrtigg <age>
di 298*(1+ln(2*_pi*50.967/298))
fp <age>, dimension(3) replace: reg sqrtigg <age>
qui fp <age>: reg sqrtigg <age>
fp plot, residuals(residuals)
```

```
twoway (scatter sqrtigg age) (fpfit sqrtigg age)
twoway (scatter sqrtigg age) (fpfitci sqrtigg age)
twoway (fpfitci sqrtigg age) (scatter sqrtigg age)

use R_data15_3, clear
stepwise, pr(0.05): reg write read science female
stepwise, pe(0.05) : reg write read science female
stepwise, pr(0.05) : reg write i.ses read science female
by schtyp, sort: stepwise, pr(0.05): reg write i.ses read science female
stepwise, pr(0.05): by schtyp, sort: reg write i.ses read science female
```

参考文献

Min, I. S. and Choi, P. S. (2019). STATA Introduction and Practical Application: 2nd Edition, Jiphil Media.

Min, I. S. (2008). Create the estimate results table in Stata (1). The Korean Journal of STATA, 1(2), 28-36.

Min, I. S. (2012), "Use matrix operations in STATA", *The Korean Journal of STATA*, 1(3)

Adkins, L. C. and R. C. Hill (2008), *Using Stata for Principles of Econometrics*, Wiley.

Brown, B., J. Durbin and J. Evans (1975), "Techniques for testing the constancy of regression relationship over time," *Journal of the Royal Statistical Society, Series B*, 37, 149-172.

Greene, W. H. (2003), *Econometric Analysis*, Prentice Hall.

Hansen, B. E. (1992), "Testing for Parameter Instability in Models," *Journal of Policy Modeling*, Vol 14, 517-533.

Kendall, M. G. (1976), *Rank Correlation Methods*, 4th Ed., Griffin.

Wooldridge, J. M. (2002), *Econometric Analysis of Cross Section and Panel Data*, MIT Press.

Wooldridge, J. M. (2003), *Introductory Econometrics*, Thomson.

标题索引

作者简介

• 闵仁植

首尔大学 社会科学院 经济学 学士

Texas A&M University 经济学硕士、博士

(现)庆熙大学 政经学院 经济系 教授

• 崔弼善

首尔大学 社会科学院 国际经济 学士、硕士

Texas A&M University经济学 博士

(现)建国大学 经管学院 国际贸易系 教授

译者简介

• 李亮

培材大学 工商管理学士

庆熙大学 工商管理 硕士、博士

(现)南京信息工程大学 商学院 工商管理系 讲师

15-16 Version
STATA 基础统计与回归分析
Statistics and Regression Analysis

Address 404, Sejong bldg., 115, Moonbalro, Paju, Kyunggido Korea
Tel: 82-31-957-4504
Fax: 82-31-957-4503
Website: www.jiphil.co.kr
ISBN: 979-11-86674-85-7 (93320)
Designed by Minjung Kim
Pricc: KRW22,000

15-16 Version
STATA 基础统计与回归分析
Statistics and Regression Analysis

발 행 일 2020년 10월 22일
저 자 민인식, 최필선
역 자 李亮
발 행 인 김성남
발 행 처 (주)지필미디어

주 소 경기도 파주시 문발로 115 세종벤처타운 404호
전 화 (031) 957-4504
팩 스 (031) 957-4503
이 메 일 jiphil@hanmail.net
홈페이지 www.jiphil.co.kr
등록번호 제 312-1997-000043호 (1997년 07월 16일)

I S B N 979-11-86674-85-7 (93320)
편 집 김민정
가 격 22,000원